AF363730

LES
PLANTES
CURIEUSES

PARIS. — IMPRIMERIE DE E. MARTINET, RUE MIGNON, 2

LES
PLANTES
CURIEUSES

PAR

ED. AUDOUIT

PARIS

LIBRAIRIE D'ÉDUCATION

GÉRANT : AMABLE RIGAUD, ÉDITEUR

33, Quai des Augustins, 33

A MES JEUNES LECTEURS

––––––

Si je devais suivre à la lettre le titre de PLANTES
CURIEUSES que je donne à ce volume, il me faudrait
traiter de tous les végétaux qui sont sur le globe, car
chacun des êtres qui composent ce que l'on appelle le
monde végétal contient en soi quelques-unes de ces
particularités étonnantes dont l'Eternel a si libérale-
ment gratifié les plus humbles de ses créatures.

Mais alors ce serait tout simplement un cours de
botanique, et ce n'est point là ce que j'ai l'intention
de faire.

Sous ce titre de *plantes curieuses*, je veux me borner à parler de celles dont la conformation extérieure,
la texture ou les mouvements, attirent le plus notre
attention, ou bien de celles qui sont liées à des souvenirs historiques, et la matière sera certainement
encore assez vaste.

Ne devant traiter qu'au point de vue pittoresque le

sujet qui va nous occuper, je pourrais l'aborder tout
de suite ; cependant, comme il m'arrivera sans doute
d'employer quelquefois certaines expressions techniques qui peut-être ne vous sont pas très-familières,
je vais consacrer quelques lignes à de simples notions
élémentaires qui préviendront l'embarras dans lequel
vous vous trouveriez s'il m'échappait des termes qui
vous seraient complétement inconnus.

Vous savez qu'à très-peu d'exceptions près toutes
les plantes fournissent des *fleurs* qui se changent en
fruits, contenant dans leur intérieur de petits corps
que l'on appelle des *graines*.

Vous savez aussi que ces graines, enfouies dans la
terre, fournissent, au bout d'un laps de temps qui
varie selon les espèces, des *racines* qui puiseront dans
le sol des principes nécessaires à l'alimentation du végétal, et une *tige* qui s'élève vers le ciel.

Vous savez aussi que sur cette tige il se développe
des boutons qui renferment les uns des *rameaux* et
des *feuilles*, et les autres des **fleurs**.

Vous savez tout cela ; c'est fort bien ; mais ce n'est
pas tout à fait assez, et je dois vous dire que ces diverses parties, les *fleurs*, les *fruits*, les *graines*, les
tiges, les *rameaux* et les *feuilles*, ont reçu d'après
leur aspect des dénominations spécifiques, et sont
composées de différentes pièces qui ont chacune un
nom particulier.

Pour ne pas aller trop loin, je ne vous parlerai que
des *fleurs* qu'il importe le plus de connaître, puis-

qu'elles sont, pour ainsi dire, le visage des plantes, et que ce sont elles qui m'obligeront le plus souvent à me servir d'expressions particulières.

Afin de suivre aisément ce que je vais dire, détachez une fleur de vos bouquets; soit un œillet, par exemple.

La partie colorée, ou, en d'autres termes, la fleur de cet œillet, se trouve, ainsi que vous devez le voir, à l'extrémité d'un petit support que vous appelez *queue*, mais que les botanistes nomment *pédoncule*.

Ce *pédoncule*, ainsi que vous le voyez encore, s'évase à son extrémité supérieure, et forme un petit gobelet qui se termine par cinq divisions aiguës. Je ne sais pas comment vous nommez ce gobelet, mais nous autres nous l'appelons un *calice*, et, si cela vous est égal, nous conserverons cette dénomination, qui n'a rien de difficile à prononcer.

Arrachez maintenant, mais avec précaution, le *pédoncule* et son *calice*.

Est-ce fait? — Très-bien. Qu'apercevez-vous? Cinq petits filaments aplatis, soudés par leur base, et qui vont en s'élargissant. Ces filaments se nomment des *pétales*, dont l'ensemble constitue ce que l'on appelle la *corolle*.

Pour découvrir ces derniers organes, qui ont reçu le nom d'*organes principaux*, par opposition au calice et à la corolle, qui ne sont que des *organes accessoires*, il faut enlever au moins deux des pétales de la corolle. Cela va vous paraître un grand sacrifice, car vous détruisez ainsi cette pauvre fleur; mais, en revanche, puisque sa destruction aura servi à vous instruire, vous lui garderez le souvenir et la reconnaissance : deux sentiments que nous devrions nous attacher tous, en quittant ce bas monde, à laisser dans le cœur de nos amis.

Vous êtes-vous décidés? — Probablement; en ce cas vous devez apercevoir un petit faisceau composé de six filaments allongés, dont les cinq extérieurs, nommés *étamines*, entourent le sixième, que l'on nomme *pistil*, et qui se divise en deux branches à sa partie supérieure.

Eh bien! quand je vous aurai dit :

1° Que chaque étamine se compose de trois parties : l'une inférieure ou support, scientifiquement appelé *filet*, une supérieure nommée *anthère*, et une troisième, ordinairement jaunâtre et pulvérulente, contenue dans l'anthère, et désignée sous le nom de *pollen ;*

2° Que le *pistil* se compose également de trois parties : une inférieure, habituellement arrondie, et connue sous le nom d'*ovaire ;* une moyenne, qui répond au filet de l'anthère, et que l'on appelle *style ;* enfin une supérieure, nommée *stigmate;* après, dis-je, vous avoir appris cela, vous connaîtrez assez bien toutes les parties que renferme une fleur *complète.*

Remarquez, s'il vous plaît, que je souligne le mot *complète,* et si je le fais, c'est probablement avec intention. Oui, sans doute, et je dois vous avertir que

toutes les fleurs ne méritent pas cette qualification. Il
en est beaucoup chez lesquelles on ne trouve pas certaines des parties que nous venons d'examiner : on
les nomme alors *incomplètes*, comme, par exemple, la
tulipe, qui n'a pas de corolle ; et à ce propos, je vous
prierai de retenir que toutes les fois que les deux organes accessoires ne sont pas présents, c'est toujours
la corolle qui manque.

Dans d'autres fleurs, il n'y a ni calice ni corolle : on
les appelle fleurs *nues*. Pauvres petites fleurs! Heureusement que le bon Dieu a le soin de ne les faire
naître que l'été.

Il existe même des fleurs qui n'ont que des étamines, et d'autres que des pistils. Je leur ai donné le
nom générique d'*unifères*. J'ai nommé les premières :
fleurs polliniques, parce que la partie la plus importante d'une étamine est le *pollen*, et les secondes,
fleurs germinifères, parce que l'*ovaire* du *pistil* est le
rudiment du fruit, et que le fruit est, par les graines
qu'il contient, le germe d'un nouveau végétal ; enfin
j'ai nommé *fleurs mixtes* celles qui présentent à la fois
des étamines et des pistils, comme l'œillet qui tout à
l'heure nous a servi d'exemple.

D'après les nombreuses parties qui la composent,
vous devinez sans doute que la fleur joue dans les
plantes un très-grand rôle. Cela est vrai; néanmoins
il y a des végétaux qui sont totalement dépourvus de
ces charmants organes, ou plutôt chez lesquels les
fleurs ne sont pas apparentes ; et cette modification a

tant d'importance, que l'on a fait une classe à part pour les végétaux qui la présentent.

La création d'une classe exigeait naturellement un nom qui pût la définir ; et ce nom, voici sur quoi on l'a basé : Les graines des plantes à *fleurs apparentes* renferment dans leur intérieur un petit corps blanchâtre que l'on appelle *amande* ou *embryon*, et dont le caractère principal est de contenir à l'état rudimentaire toutes les parties du vegétal, et de plus un organe très-intéressant qui consiste en une ou deux petites feuilles qui apparaissent aussitôt que la graine commence à germer.

Ces petites feuilles se nomment *corps cotylédonaire* ou *cotylédons,* et les plantes qui les possèdent s'appellent *plantes cotylédonées.* Or, comme les plantes à fleurs cachées sont dépourvues de ce *corps cotylédonaire*, on les nomme *plantes acotylédonées,* attendu que la lettre *a* indique la privation.

Toutes les plantes à fleurs cachées sont donc des plantes *acotylédonées*, et celles à fleurs visibles des *cotylédonées.*

Mais ce n'est pas tout : chez ces dernières, ainsi que je le disais tout à l'heure, le corps cotylédonaire se compose d'une ou deux feuilles, autrement dit d'un ou deux cotylédons.

Au premier abord, cette observation ne paraît pas très-importante ; mais s'il vous prend un jour la fantaisie d'étudier la botanique, vous verrez la différence énorme qui existe entre les plantes dont le corps co-

tylédonaire est composé d'une seule feuille et celles
où il y en a deux.

Cette différence a engagé les botanistes à faire une
subdivision nouvelle. Ils ont nommé les premières
plantes monocotylédonées, du mot grec *monos*, qui
veut dire un, et les secondes *dicotylédonées*, du mot
grec *di*, qui signifie deux, et dès lors toutes les
plantes se sont trouvées divisées en trois classes.

Les *acotylédonées*.

Les *monocotylédonées*,

Les *dicotylédonées*.

Indépendamment de l'analogie que je viens d'indiquer, et qu'ont entre elles toutes les plantes contenues dans chacune de ces trois grandes divisions, il
existe entre certaines plantes de la même classe des
analogies plus manifestes encore qui les rapprochent
davantage les unes des autres, et qui les éloignent en
même temps d'un autre groupe, toujours de la même
classe, mais où les ressemblances sont d'une autre
nature. On a tiré parti de ce fait pour établir de nouvelles subdivisions entre les plantes, et chacun de ces
groupes a reçu le nom de *familles*.

Recherchant ensuite, dans ces familles, les végétaux qui avaient le plus de rapports, on a fait des
genres, et par le même moyen on a divisé ces genres
en *espèces* ne renfermant plus que des *individus* et
leurs *variétés*. C'est ce que l'on appelle établir une
classification.

Je crois en avoir dit assez pour que nous puissions

maintenant nous comprendre. Mais comme cet exposé a été très-rapide, je vais vous le résumer en un petit tableau qui se gravera plus facilement dans votre mémoire.

COMPOSITION DES PLANTES COTYLÉDONÉES.

Fleurs.	Tiges.
Fruits.	Rameaux.
Graines.	Boutons.
Racines.	Feuilles.

COMPOSITION DE LA FLEUR.

Organes accessoires. . . . . { Caiice.
{ Corolle.

Organes principaux. . { Etamines. { Filet. / Anthère. / Pollen.
{ Pistil. . . { Ovaire. / Style. / Stigmate.

DIVISION DES FLEURS.

Nues. — Incomplètes. — Complètes.

Unifères. { Germinifères. — Mixtes.
{ Polliniques.

DIVISION DES PLANTES.

Acotylédonées. — Monocotylédonées. — Dicotylédonées.

CLASSIFICATION.

Classes. — Familles. — Genres. — Espèces. — Individus. — Variétés.

Ces notions succinctes ne sont qu'une bien faible partie de cette aimable science qu'on appelle la botanique; mais je tâcherai qu'elles nous suffisent, et si le bagage est mince, il n'en sera que plus facile à porter.

Commençons donc notre course vagabonde.

Je l'appelle vagabonde, car loin d'avoir un ordre fixe, nous courrons, sans carte ni boussole, sur tous les points du globe, butinant sur notre passage tout ce qui nous semblera capable d'attirer notre attention. Maintenant en Europe, l'instant d'après nous serons en Afrique; quelques minutes plus tard en Asie, et presque en même temps en Amérique. On ne saurait voyager d'une façon plus rapide et plus agréable.

Allons! mettons-nous en route. Je ne sais pas ce que l'avenir nous réserve; mais ce que je sais très-bien, c'est qu'en quelque endroit que nous allions, nous sommes toujours certains de rencontrer la **science et Dieu!**

LES
PLANTES CURIEUSES

CHAPITRE PREMIER

La bruyère. — La carline feuille d'acanthe

Un jour, deux jeunes personnes, accoudées sur le bord d'une fenêtre qui donnait sur le boulevard des Capucines, tenaient leurs yeux fixés avec tristesse sur un pot de fleurs qui contenait une petite plante dont les rameaux flétris semblaient annoncer une mort prochaine.

— Pauvre petite bruyère ! fit en soupirant l'une de ces deux jeunes filles, je le vois maintenant, c'est fini pour elle... bientôt elle va mourir !... Et c'est en vain que nous lui faisons aspirer les doux rayons de ce beau soleil de printemps qui demain se lèvera sur sa tombe.

Tu l'as peut-être mal soignée, Gabrielle ? fit l'autre jeune fille.

— Ah ! Valérie, que dis-tu là ? s'écria vivement la première; tu ne saurais, au contraire, imaginer toutes les attentions que j'avais pour elle. Depuis huit jours qu'elle était à moi, je n'ai pas une seule fois manqué de l'arroser soir et matin. Quand il faisait beau, comme aujourd'hui, je l'exposais sur la fenêtre ; quand il faisait mauvais, je la plaçais sur la cheminée pour qu'elle ne souffrit pas du froid. Enfin, je poussais la précaution jusqu'à l'emporter dans une autre pièce quand mon frère venait ici fumer son cigare, parce que je me figurais que la fumée de tabac pourrait nuire à ma pauvre petite plante.

— Oui, Gabrielle, sans doute je suis persuadée que tu as fait tout ton possible, et que tu n'as point à te reprocher de négligence ; mais il y a certaines plantes qui exigent des soins particuliers, et tu aurais dû t'en enquérir auprès de la marchande qui te l'a vendue.

— Eh bien ! je le lui ai demandé, à cette femme, et elle m'a répondu qu'il n'y avait rien autre chose à faire que de l'arroser exactement tous les jours.

— Elle n'aura pas voulu se donner la peine d'entrer dans de plus longs détails, répliqua Valérie, car que leur importe, une fois qu'elles les ont vendues, que ces pauvres petites fleurs meurent ou vivent ? Au contraire, plus il en meurt, plus elles gagnent, et c'est là pour elles le point principal.

Et les deux jeunes filles, redevenues silencieuses, continuèrent à fixer les yeux sur la petite plante, dont l'agonie causait, à Gabrielle surtout, un chagrin réel.

Étant allé faire une visite dans la maison où se passait cette scène :

— Ah ! monsieur, s'écrièrent les deux jeunes filles

aussitôt qu'elles m'aperçurent, que vous arrivez
propos ! Vous qui vous occupez de botanique, vous
allez sans doute nous indiquer le moyen de rendre à
la vie notre pauvre malade.

Et elles me firent signe d'approcher de la croisée.

J'obéis avec empressement et avec l'espoir de prolonger une existence qui paraissait si chère ; mais
après avoir examiné la plante sujet de tant de sollicitude :

— Hélas ! mesdemoiselles, dis-je aux jeunes filles,
qui déjà pâlissaient en lisant sur ma physionomie
l'arrêt que j'allais prononcer, j'arrive trop tard : cette
pauvre petite plante ne sera bientôt plus qu'un cadavre.

— Comment, monsieur, il n'y a aucune ressource ?

— Non, mesdemoiselles, aucune ; le mal a fait trop
de progrès.

— Mais de quoi meurt-elle donc, monsieur ? reprit
Gabrielle ; car je vous assure que ce ne sont pas les
soins qui lui ont manqué.

— Elle meurt... de chagrin, mademoiselle.

— De chagrin ?

— Oui.

— Eh quoi! les plantes sont susceptibles d'éprouver
lu chagrin ?

— Je ne sais, mademoiselle, repartis-je, si c'est bien
là le mot rigoureusement convenable ; mais toujours
est-il que cette petite plante serait encore pleine de
vie si on ne l'eût pas séparée de ses compagnes.

—Parlez-vous sérieusement, monsieur? fit la jeune fille en levant sur les miens ses jolis yeux bleus, dont l'expression d'étonnement et de curiosité semblait devoir bientôt faire place à une expression de reproche.

— Oui, mademoiselle, très-sérieusement, répondis-je, et je vous vois trop affligée pour me permettre une raillerie qui serait ici de mauvais goût.

Et en effet, je ne plaisantais pas, ainsi que j'essayai de le faire comprendre aux deux jeunes filles.

Quoique nous paraissant dépourvus d'intelligence et même d'instinct, les végétaux ont des habitudes et des mœurs qui constituent l'une des plus intéressantes parties de la botanique.

Ces mœurs et ces habitudes n'ont point été réglées par le hasard, et elles ne sont pas davantage dues à un caprice de celui qui les a imposées. Toutes, au contraire, jouent un rôle important dans l'ordre général, car, ainsi que le dit Bernardin de Saint-Pierre, la nature ne fait rien pour le simple plaisir qu'elle n'y joigne quelque raison d'utilité.

Il est vrai que bien souvent cette raison nous échappe, car la nature, si prodigue de ses trésors, l'est beaucoup moins de ses secrets; mais ce qu'elle nous a laissé jusqu'à présent découvrir suffit et au delà pour nous montrer que Dieu n'a rien fait en vain, et que c'est sur sa puissance qu'il a mesuré sa bonté pour l'homme; pour l'homme, qui serait meilleur, sans doute, s'il connaissait la millième partie des étonnantes merveilles qu'il foule à chaque pas.

Mais ne nous laissons pas entraîner plus loin que notre sujet. Nous n'avons point à parler en ce moment des relations des plantes avec l'homme, et nous devons nous borner à faire une rapide esquisse de quelques habitudes inhérentes à certains végétaux, habitudes que l'on ne peut changer sans que l'existence ou les qualités de ceux-ci soient compromises ou dénaturées.

La situation des végétaux sur le sol a reçu le nom d'*habitation* ou simplement d'*habitat ;* et comme cet *habitat* est régulier tant que la main de l'homme ne vient pas l'intervertir, on a divisé les plantes en :

1° PLANTES DES MONTAGNES, telles que : le *Saule nain,* la *Saxifrage,* la *Gentiane,* la *Potentille des neiges,* la *violette à deux fleurs,* le *Romarin des troubadours,* la *Lavande parfumée,* la *Vergerolle,* la *Dryade aux jolies fleurs,* etc.

2° PLANTES DES COLLINES, telles que : la *Fétuque,* le *Sabot de la jeune vierge,* le *Muscari,* la *Circé des Alpes,* etc., etc.

3° PLANTES DES FORÊTS, telles que : le *Chêne,* le *Châtaignier,* le *Bouleau,* l'*Arbousier,* les *Bruyères,* le *Houx,* le *Sureau,* la *Belladone,* le *Muguet,* etc., etc.

4° PLANTES DES PLAINES, telles que : le *Froment,* l'*Orge,* le *Seigle,* la *Filipendule,* le *Trèfle,* l'*Ivraie,* les *Poiriers,* les *Pommiers,* les *Genêts,* etc., etc.

5° PLANTES DES TERRAINS CULTIVÉS : le *Bluet,* le *Co-*

quelicot, la *Nielle des blés,* le *Souci,* la *Bourse du pasteur,* la *Germandrée,* le *Liseron, l'Ortie brûlante,* etc.

6° PLANTES DES LIEUX STÉRILES : l'*Orphryse-Mouche, Mille-feuille,* la *Grande Ortie,* le *Bec-de-Grue,* l'*Orin,* la *Véronique,* etc.

7° PLANTES D'EAU DOUCE. Le *Cresson de fontaine,* les *Épis d'eau,* les *Conferves,* la *Grenouillette,* le *Nénuphar,* la *Stratiote,* le *Jonc,* le *Flûteau,* la *Dorine,* la *Ciguë aquatique,* la *Massette,* le *Tussilage,* etc.

8° PLANTES MARITIMES (vivant au bord de la mer), telles sont : l'*Orseille des teinturiers,* la *Giroflée de Mahon,* l'*Aster bleu,* la *Soude commune,* l'*Elyme,* etc.

9° PLANTES MARINES (vivant dans la mer). La *Doradille,* les *Zostères,* les *Varechs,* etc.

10° PLANTES SOUTERRAINES. Les *Byssus,* les *Chanterelles,* l'*Arachide,* la *Truffe,* le *Trèfle semeur,* la *Gesse,* etc.

11° PLANTES FOSSILES, telles que des *Prêles,* des *Fougères,* quelques *Palmiers,* etc.

Cette classification ne fait qu'indiquer d'une manière générale la répartition des plantes sur la surface de la terre. Mais pour avoir maintenant une idée précise des particularités que l'on observe dans l'habitation des végétaux et des lois qui y président, i faut, dans chacune des classes que je viens de rappeler, observer la station des végétaux qui la composent, et c'est alors que se montrent ces curieux rapports d'opposition ou de convenance qui éloignent ou qui lient certains végétaux, et d'où naissent ces harmonies ou ces contrastes que l'aimable philosophe que j'ai cité plus haut a si bien peints dans ses charmantes *Etudes de la nature.*

« Les espèces opposées en formes, dit Bernardin de Saint-Pierre, sont presque toujours ensemble. Lorsqu'on rencontre un vieux saule sur le bord d'une rivière qui n'est pas dégradée, on y voit souvent un grand convolvulus en recouvrir le feuillage rayonnant de ses feuilles en cœur et de ses fleurs en cloches blanches, au défaut des fleurs apparentes que la nature a refusées à cet arbre.

» Le sapin s'élève dans les forêts du Nord comme une haute pyramide, d'un vert sombre et d'un port immobile. On trouve presque toujours dans son voisinage le bouleau, qui croît à sa hauteur, de la forme d'une pyramide renversée, d'une verdure gaie, et dont le feuillage mobile joue sans cesse au gré des vents. Le trèfle aux feuilles rondes aime à croître au milieu de l'herbe fine et à la parer de ses bouquets de fleurs. Je crois même que la nature n'a découpé profondément les feuilles de beaucoup de végétaux que pour faciliter ces sortes d'alliances, et ménager des passages aux graminées (1), dont la verdure et la finesse des tiges forment avec elles une infinité de contrastes. On en voit assez d'exemples dans les champs incultes, où les touffes d'herbe percent à travers les larges feuilles des chardons et des vipérines.

____

(1) Froment, orge, avoine, etc.

» Les champignons seuls présentent une multitude de consonnances et de contrastes inconnus. Sur des angles rembrunis de rocher, à l'ombre des vieux hêtres, des champignons blancs et ronds comme des dames d'ivoire s'élèvent au milieu des lits de mousse du plus beau vert... Il y en a qui ne viennent que sur les rochers nus, où ils présentent une forêt de petits filaments dont chacun est surmonté de son chapiteau... D'autres ont des convenances d'agrément : tel est celui qui croit au pied de l'aune sous la forme d'un pétoncle. Quelle est la nymphe qui a placé un coquillage au pied de l'arbre des fleuves ? Cette nombreuse tribu paraît avoir sa destinée attachée à celle des arbres, qui ont chacun leur champignon qui leur est affecté, et qu'on trouve rarement ailleurs : tels sont ceux qui ne croissent que sur les racines des pommiers et des pins. Le ciel a beau verser des pluies abondantes, les champignons, à couvert sous leurs parapluies, n'en reçoivent pas une goutte. Ils tirent toute leur vie de la terre et du grand végétal auquel ils ont lié leur fortune, semblables à ces petits Savoyards qui sont placés comme des bornes aux portes des hôtels, ils établissent leur subsistance sur la surabondance d'autrui ; ils naissent à l'ombre des puissances des forêts, et vivent du superflu de leurs banquets magnifiques.

» D'autres végétaux présentent des oppositions de la force à la faiblesse dans un autre genre, et des convenances de protection plus distinguée. Ceux-là,

comme de grands seigneurs, laissent leurs faibles
amis à leur pied ; ceux-ci les portent dans leurs bras
et sur leurs têtes. Ils reçoivent souvent la récompense
de leur noble hospitalité. Les lianes qui, dans les
Antilles, s'attachent aux arbres des forêts, les défendent de la fureur des ouragans. Le chêne des Gaules
s'est vu plus d'une fois l'objet de la vénération des
peuples pour avoir porté le gui (1) dans ses rameaux.
Le lierre, ami des monuments et des tombeaux, le
lierre, dont on couronnait jadis les grands poëtes,
couvre quelquefois de son feuillage les troncs des
plus grands arbres. Il est une des fortes preuves des
compensations végétales de la nature, car je ne me
rappelle pas en avoir jamais vu sur les troncs des
pins, des sapins, ou des arbres dont le feuillage dure
toute l'année. Il ne revêt que ceux que l'hiver dé-
pouille. Symbole d'une amitié généreuse, il ne s'attache qu'aux malheureux, et lorsque la mort même a
frappé son protecteur, il le rend encore l'honneur des
forêts; il le fait renaitre en décorant ses mânes de
guirlandes de fleurs et de festons d'une verdure éter-
nelle.

» La nature a établi dans les nombreuses tribus du
règne végétal une multitude d'habitudes dont la fin
nous est inconnue. Il y a des plantes, par exemple,
qu'on trouve toujours réunies en plusieurs touffes,

(1) Le *gui* est une plante parasite qui croît sur les chênes, et
que les anciens regardaient comme sacrée. Nous en parlons plus
loin.

comme si elles aimaient à vivre en société ; d'autres,
au contraire, se rencontrent presque toujours seules.
Souvent les herbes représentent dans les prairies le
port des arbres des forêts ; il y en a qui, par leurs
feuillages et leurs proportions, ressemblent au pin, au
sapin et au chêne. Je crois même que chaque arbre a
une consonnance dans les herbes. C'est par cette magie que de petits espaces nous offrent l'étendue d'un
grand terrain. Si vous êtes sous un bosquet de chênes,
et que vous aperceviez sur un tertre voisin des touffes
de germandrées dont le feuillage leur ressemble en
petit, vous éprouvez les effets d'une perspective. »

Ces dernières lignes sont surtout et parfaitement
applicables aux *Bruyères*, que dans l'état de nature
on rencontre toujours réunies en groupes, et qui
simulent ainsi de petites forêts ; de telle sorte que si,
après avoir embrassé du regard une réunion de grands
arbres, on jette les yeux sur une colonie de bruyères,
il semble que ce soit le même tableau, mais examiné
cette fois par le gros bout d'une lorgnette.

On écrira sans doute bon nombre de volumes, et
bien des expérimentateurs épuiseront vainement leur
existence, avant que l'on parvienne à découvrir et à
expliquer rigoureusement la loi intime qui existe
entre ces plantes que l'on trouve constamment réunies, d'où la dénomination de *Plantes sociales* par
laquelle on les désigne et sous laquelle se rangent les
Champignons, les *Bruyères*, les *Chênes*, les *Pins*, les
Sapins, les *Saules*, plusieurs genres de *Mousses*, les

Rhododendrons, les *Genêts*, les *Ajoncs*, l'*Airelle myrtille*, l'*Elyme des sables*, etc. ; mais à défaut d'explications mathématiques, on peut du moins constater le fait et établir sur des preuves irrécusables que ces plantes, et principalement les *Bruyères*, ne peuvent qu'à grand'peine vivre isolées les unes des autres, et que les séparer c'est fort souvent les condamner à mourir.

Il y a plus, les Bruyères mêmes réunies ensemble dépérissent bientôt quand on place d'autres végétaux dans leur voisinage, comme si la présence d'étrangers leur causait un mortel sentiment de jalousie.

La science l'explique en disant que les feuilles des Bruyères, étant excessivement ténues, ne trouvent plus assez d'air pur à respirer quand d'autres plantes à feuilles larges vivent à côté d'elles. Mais cette raison est-elle bien suffisante, et est-on bien sûr qu'il n'existe aucun lien sympathique entre ces charmants petits êtres ? En tous cas il n'y a point d'inconvénient à admettre cette hypothèse, ne serait-ce que pour y trouver un exemple de cette touchante amitié qui est bien certainement un des sentiments les plus doux que nous puissions ressentir.

Vous voyez donc bien, dis-je en terminant aux deux jeunes filles, que je ne raillais pas en vous disant que votre petite bruyère était morte de chagrin ; si donc vous voulez la remplacer, que ce soit par plusieurs autres que vous réunirez dans la même caisse, et que vous verrez alors, gaies et joyeuses, étendre

leurs rameaux et confondre leurs fleurs qui vous serviront à parer vos jolis cheveux. Toutefois, sachez
profiter du petit épisode qui vous a tant fait de peine.
Comme deux jeunes Bruyères, vous avez aussi, vous,
vécu depuis votre berceau dans l'amitié la plus sainte ;
mais bientôt vous entrerez dans le monde, où le sort
vous prépare une existence nouvelle. Si le bonheur
était constamment l'apanage des âmes bonnes et ver-
tueuses, oh ! sans doute vous n'auriez rien à redouter
de l'avenir ; mais quelquefois Dieu nous soumet ici-
bas à de rudes épreuves, et nous fait payer cher les
jouissances qu'il nous réserve dans les cieux. Dans
cette prévision, conservez toujours l'une pour l'autre
les sentiments qui vous animent ; ne vous perdez
jamais totalement de vue ; faites en un mot qu'une
séparation complète ne tue pas en vous cette affection
qui vous charme, comme elle a tué votre pauvre
bruyère. Peut-être un jour aurez-vous besoin de
consolations pour supporter les déceptions que vous
aurez eues, et ces consolations vous les trouverez
dans une union que vous renouerez l'une et l'autre
avec joie ; car si beaucoup de sentiments s'évanouis-
sent, hélas ! avec l'éclat et la fraîcheur de votre âge,
l'amitié ne connaît point de rides, et pour elle le
cœur a toujours dix-sept ans.

LA CARLINE FEUILLES D'ACANTHE.

La Carline feuilles d'acanthe est un assez vilain chardon appartenant à la même famille de plantes que l'artichaut, offrant de larges feuilles étalées sur le sol et dont les fleurs jaunes forment un gros capitule couronné d'un involucre blanchâtre ou violet composé de deux sortes de folioles : les intérieures, longues, luisantes, blanches ou colorées et très-aiguës ; les extérieures, verdâtres, épineuses et découpées.

Mais ce qui donne à cette plante une certaine valeur historique, c'est qu'au rapport de plusieurs auteurs, ce fut elle qui, apportée par un ange, consola Charlemagne de son désastre de Roncevaux.

La Bruyère. — La Carline feuilles d'acanthe.

CHAPITRE II

Quand vous vous parez, mesdemoiselles, de ces charmants tissus que l'on nomme dentelles, et qui ornent si gracieusement vos fronts, vos bras et vos épaules, ne vous arrive-t-il pas quelquefois de vous demander quelle est la substance qui a servi à fabriquer ces délicats objets de toilette, et quels sont les procédés au moyen desquels on parvient à vous les livrer dans cet état de fraîcheur, de texture régulière et de blancheur immaculée ?

Si vous vous adressez cette question et que vous y répondiez, votre monologue doit être passablement long, car les divers modes de fabrication, de préparation et d'enjolivements de la dentelle sont aussi nombreux que variés, et vous devez passer en revue dix métiers au moins avant d'arriver au marchand qui vous fournit ces délicieuses petites manchettes et ces jolies guimpes qui complètent si bien votre toilette.

Oui, dix métiers différents, et je n'exagère pas. Voilà comme l'homme procède. C'est par des transformations successives dont chacune offre une spécialité industrielle, qu'il parvient à faire avec une graine ou avec un filament brut des objets d'un luxe ou d'une richesse extrême.

Assurément c'est un des plus beaux priviléges de l'humanité, puisque c'est le triomphe du travail et de l'intelligence sur la matière. Mais si cette victoire remportée par le génie de l'homme fait de celui-ci un demi-créateur, il est et sera toujours bien loin d'égaler la puissance et les moyens du Créateur universel.

Quand Dieu a voulu fabriquer de la dentelle, il n'a point été chercher des brins de lin, de coton ou de soie ; il a construit cette dentelle avec un souffle, il l'a placée dans le tronc d'un arbre : si bien qu'il n'y a tout simplement qu'à fendre ce tronc d'arbre pour en extraire des garnitures de bonnets, des collerettes, des volants de robes, etc., etc.

Véritablement cela n'est-il pas féerique ? et cependant rien n'est plus exact. Mais pour être clair, je vais vous expliquer ou vous appeler la composition d'un tronc d'arbre. Le tronc des végétaux dicotylédonés se compose de trois parties principales ; savoir : à l'extérieur l'ÉCORCE, au centre le CANAL MÉDULLAIRE, entre eux les COUCHES LIGNEUSES.

Le CANAL MÉDULLAIRE se compose de l'*étui médullaire* et de la *moelle*.

Les COUCHES LIGNEUSES sont formées par le *bois* proprement dit, et l'*aubier* ou *faux bois*.

Enfin, l'ÉCORCE est constituée par quatre parties qui sont, de l'extérieur à l'intérieur :

1° L'*épiderme*, membrane excessivement ténue qui entoure toutes les parties du végétal.

2° L'*enveloppe herbacée* substance spongieuse et

verdâtre, immédiatement [placée sous l'épiderme.

3° Les *couches corticales*, assemblage de fibres disposées en réseaux.

4° Le *liber*, ainsi nommé, parce que les couches qui
le composent ressemblent assez aux feuillets d'un livre.

Au moyen de cette courte explication, il vous sera
maintenant aisé de deviner que c'est dans les couches
corticales du tronc de l'arbre à dentelle que se trouve
ce charmant tissu. Mais avant de dire comment on
l'extrait, allons d'abord à la recherche de l'arbre qui
le fournit, et indiquons ses caractères, afin que vous
ne puissiez pas le méconnaitre, si par hasard vous le
rencontriez un jour, soit dans une serre, soit dans les
contrées qu'il habite.

L'Arbre a dentelle, aussi nommé Laget, Lagetto
et Laget Dentelle, et en latin *Lagetta lintearia*, est
un végétal appartenant à la famille des *Thymélées*. Il
est indigène des Antilles, de la Jamaïque et de Haïti.
Son tronc, qui s'élève de quatre à six mètres, se divise
en rameaux cylindriques finement striés, bruns et cou
verts de belles feuilles luisantes, vertes et en forme de
cœur. De ce feuillage s'échappent des épis ou des grappes de fleurs rosées, composées d'un calice imitant un
petit sac terminé par quatre dentelures et contenant
quatre glandes à sa base, un pistil et huit étamines.

Ces fleurs donnent pour fruit de petites noix de
la grosseur d'un pois, et renfermant une graine aiguë
à ses deux extrémités.

Pour extraire de l'écorce de *l'arbre à dentelle* le joli

réseau qu'elle contient, il suffit d'enlever avec précaution l'*épiderme* et l'*enveloppe herbacée* dans une
étendue qui varie suivant la dimension que l'on veut
avoir; après quoi l'on détache avec précaution les
couches corticales, autrement dit la dentelle, que l'on
blanchit en l'agitant dans un vase rempli d'eau de
savon, et que l'on emploie de la même manière que
celle qui nous est fournie à si grands frais par les ma-
nufacturiers.

Cette dentelle, dont les jeunes négresses se servent
dans quelques contrées pour leur parure, tandis que
les nègres en fabriquent des hamacs, des nattes, des
filets, des cordes, etc.; ce tissu, dis-je, quoique aussi
fin qu'une toile d'araignée, rivaliserait difficilement
peut-être avec les valenciennes, les points d'Angleterre et d'Alençon, les blondes de Chantilly, les dentelles de Bruxelles, et tous ces autres tissus que l'industrie perfectionne aujourd'hui si bien, car les
couches corticales du *Lagetto* n'ayant sans doute pas
été créées pour l'usage que les négresses en font, ne
possèdent point à l'état brut le soyeux, la douceur, la
souplesse et le fini qui caractérisent les différentes
dentelles que je viens d'énumérer; mais peut-être
aussi pourrait-on, au moyen de ces couches corticales
manipulées et préparées d'une certaine façon, obtenir
une nouvelle et riche parure.

Il est possible, mesdemoiselles, qu'on vous fasse un
jour cette agréable surprise, et comme je pense que la
toilette n'est pas pour vous un sujet de vanité ridicule,

mais tout simplement un objet de satisfaction auss
innocente que féminine, je vous le désire de tout mon
cœur.

Comme pendant du *Lagetto*, nous parlerons d'un
végétal qui n'a plus aujourd'hui l'importance dont il
jouissait autrefois, mais qu'il est cependant bon de
connaître ; car de même que le *Lagetto* fournit
de la dentelle toute fabriquée, cet autre végétal
nommé PAPYRUS fournissait du papier presque tout
fait.

Le PAPYRUS, qui sous ce rapport est une véritable
plante historique, et par conséquent digne de curiosité, appartient à la famille des *Cypéracées*.

On en connaît deux espèces : le PAPYRUS USUEL et
le PAPYRUS PIPERO.

Le PAPYRUS USUEL, que l'on rencontre dans plusieurs parties de l'Inde, en Égypte, à Madagascar en
Éthiopie, en Syrie, en Abyssinie et en Sicile, est une
plante herbacée de la classe des *Monocotylédons*, et
vivant sur le bord des lacs et des rivières.

Ses racines, qui sont très-fines, très-nombreuses et
entrelacées, donnent naissance à des hampes trigones
ayant environ douze centimètres de circonférence à
leur base, et pouvant acquérir jusqu'à six mètres d'é-
lévation.

Ces hampes sont recouvertes de deux pellicules,
l'une blanchâtre et mince, l'autre épaisse et verte, et
terminées par un panache de fleurs verdâtres, soyeuses

et odorantes, auxquelles sont mêlés de nombreux filaments aussi fins que des cheveux.

Une chose que l'on n'a pas encore expliquée, c'est
que ces filaments s'arrachent avec beaucoup de facilité quand la plante est sur pied ou qu'elle est com-

plétement desséchée, mais qu'on eprouve au contraire
une certaine résistance lorsque le Papyrus est fraîchement coupé.

Le Papyrus Pipero diffère peu, quant à ses caractères botaniques, du Papyrus usuel. C'est lui dont on
se sert encore de nos jours à Syracuse pour fabriquer
un papier qui est plutôt un objet de curiosité que d'u-
tilité.

Quoi qu'il en soit, voici comment on le prépare ;
rien n'est plus simple : on coupe par tranches minces
les hampes du *Papyrus*, et les ayant placées les unes
à côté des autres, on les enduit d'une espèce de colle
pour opérer la liaison.

Le procédé que les anciens employaient diffère beaucoup de celui-ci, et lui est évidemment supérieur. Il
est vrai que ce papier de *Papyrus* n'était pas pour
eux une chose uniquement curieuse, mais bien indispensable, puisqu'ils n'en avaient pas d'autre, et que
dès lors ils devaient apporter tous les soins nécessaires pour que ce papier pût remplir leur but. Voici
comment s'y prenaient les Égyptiens.

Au lieu de se servir de la hampe entière du *Papyrus*, ils n'employaient que les pellicules qui recouvrent cette hampe. Ils appliquaient l'une sur l'autre
deux de ces pellicules qu'ils collaient ensemble, soit
avec l'eau bourbeuse du Nil, soit avec un enduit pois-
seux, soit même au moyen de la viscosité particulière que ces pellicules acquièrent par leur immersion
dans l'eau ; après quoi ils les mettaient sous une

presse pour que l'adhérence fût plus intime et la surface plus unie ; ils les exposaient au soleil, puis les battaient avec un marteau ; enfin ils achevaient de polir en les frottant avec une dent d'ivoire.

Le *Papyrus* fournissait également aux usages domestiques. Ainsi l'on mangeait crue ou cuite au four la partie inférieure de la hampe, tandis que la partie supérieure servait de mèches aux flambeaux que l'on portait dans les funérailles. Le panache était employé pour faire des câbles de navires et des nattes ; enfin la partie la plus grossière de l'écorce servait à fabriquer différents tissus.

LA BROUSSONNÉTIE.

Il est impossible de parler du *Papyrus* sans dire quelques mots du BROUSSONNÉTIE ou MURIER A PAPIER.

Le MURIER A PAPIER, que Lamarck appelle *Papyrus Japonica*, parce que cet arbre est indigène du Japon, et dont le troisième nom : *Broussonnétie*, est un hommage rendu à la mémoire d'un homme illustre, Broussonnet, le *Mûrier à papier* est un arbre qui ressemble à peu près à celui dont les feuilles sont la principale nourriture des vers à soie, mais qui s'en éloigne précisément par son feuillage, dont la surface rugueuse empêche ces animaux d'y toucher.

Parfaitement acclimaté en Europe, où il s'est conérablement propagé depuis 1786, époque à laquelle Broussonnet y a introduit l'espèce germinifère qui nous manquait, cet arbre joint à la beauté de son aspect l'avantage de contenir dans son écorce des filaments solides au moyen desquels on peut fabriquer du papier et des étoffes.

Le papier que l'on prépare ainsi n'a pas, à la vérité, la souplesse et la flexibilité de celui qu'on obtient au moyen du chiffon ; mais peut-être sera-t-on bien aise d'y recourir si les matières qui servent à la fabrication du papier commun continuent à s'épuiser avec autant de rapidité qu'elles le font depuis quelque temps, par ces innombrables publications qui se multiplient de jour en jour, et si l'on ne découvre pas un élément plus convenable.

On a essayé, dans ces derniers temps, d'extraire du papier d'un autre arbre, le *Bananier*, végétal qui croît avec abondance dans plusieurs parties de l'Amérique, et dont les feuilles contiennent des filaments capables d'être utilisés comme les fibres du *Mûrier à papier ;* mais les essais tentés jusqu'ici pour fabriquer du papier avec ces filaments n'ont pas été favorables aux industriels. Tous, ou à peu près, se sont ruinés dans cette entreprise, car ce papier de Bananier ne remplit pas la principale de toutes les conditions : celle du bon marché.

Je n'ai, sans doute, pas besoin d'entreprendre une longue dissertation pour montrer, à propos du papier, les progrès qu'a faits le génie de l'homme depuis l'époque où cette substance se préparait grossièrement et péniblement avec de l'écorce d'arbre.

Le papier fut sans doute une des plus utiles conquêtes de l'industrie; mais il en est de cette conquête comme de beaucoup d'autres choses en ce monde ; c'est un élément de bien et de mal qui peut causer les jouissances les plus vives ou préparer les regrets les plus amers.

Je vous demandais, en commençant, si lorsque vous vous parez de vos soyeuses dentelles, vous songiez quelquefois aux transformations que subit la petite graine qui vous les fournit. En terminant, je vous ferai la même demande au sujet du papier.

Loin de redouter les interrogations de ce genre, adressez-vous-les souvent ; tâchez surtout de vous mettre à même de les résoudre, et indépendamment de la satisfaction que vous éprouverez à connaître les objets dont vous usez chaque jour, vous arriverez sans doute à cette pensée toujours salutaire : Qu'il est contre la volonté de Dieu que le bon génie de l'homme fasse des prodiges pour que le mauvais en profite, et que c'est une irréparable faute que de se servir pour le mal de ce qui n'est créé que pour le bien.

Il est un amusement que vous connaissez toutes, et dans lequel un personnage placé momentanément sur la sellette, afin de racheter un gage, adresse cette question à ceux qui participent au jeu : *Si j'étais petit papier, que feriez-vous de moi?*

Or, si j'étais petit papier, j'aimerais à vous entendre

me répondre : J'en ferais un album sur lequel je consignerais chaque jour mes plus douces inspirations, mes meilleurs actes, et aussi mes plus méchants, afin de m'épargner, par la honte que cela me causerait, le malheur de m'en rendre une autre fois coupable ; enfin je n'en détacherais jamais une feuille que ce ne fût pour resserrer les liens d'une amitié sainte, ou pour accomplir une de ces œuvres bienfaisantes ou consolatrices pour lesquelles la femme semble surtout avoir été créée. Oui, j'aimerais à vous entendre parler de la sorte ; d'abord, parce que ce serait une preuve que vous pressentez la noble mission que vous devez remplir en ce monde ; ensuite parce que tout ce qui s'écrit ici-bas s'écrit ailleurs dans un registre où rien ne s'efface, et que tous ces petits bouts de papier réunis ensemble seront un jour notre condamnation ou notre gloire.

Alors, mesdemoiselles, s'il m'était permis de disposer de cet album qui serait le livre de votre âme, je croirais être juste en arrachant les quelques feuilles tachées de légères erreurs, suffisamment rachetées par les autres pages, et Dieu, j'en suis sûr, ne trouverait point mauvais que je vous donnasse l'autorisation de mettre ces vilaines feuilles en papillotes.

CHAPITRE III

LE GUI.— LE BIGARADIER. — LE CITRONNIER.— LE CÉDRATIER.

Le Gui.

Quand on observe attentivement et philosophique-
ment la nature, on est frappé des analogies morales
qui existent entre certains individus du monde animal et certains autres du monde végétal.

Ces analogies sont parfois si manifestes que l'on
peut confondre, dans la même peinture, des animaux
et des végétaux.]

Ainsi, par exemple, il se trouve, parmi les hommes
comme parmi les plantes, des individus qui, compre-
nant leur mission ici-bas, font les plus grands et les
plus louables efforts pour conserver leur existence et
perpétuer leur espèce, tandis que d'autres, croupis-
sant dans une honteuse paresse, laissent pour ainsi
dire au hasard le soin de leur conservation, et vivent
au jour le jour du superflu de leurs voisins assez géné-
reux ou assez dupes pour le souffrir.

Chez les hommes comme chez les végétaux, ces

individus portent le même nom : ce sont des *Parasites*.

De tous les parasites végétaux, les seuls, Dieu merci, dont nous devons ici nous occuper, le plus remarquable et le plus commun est le Gui.

Ce végétal, qui appartient à la famille des *Loran-
thées*, a pour caractères botaniques les suivants : fleurs disposées en épis ou en grappes axillaires ; un pistil, quatre étamines ; corolle à quatre pétales réunis par la base ; calice double ; baie globuleuse, contenant une graine en forme de cœur, et entourée d'une substance blanchâtre recouverte elle-même d'une matière entièrement visqueuse ; la tige est ligneuse et les feuilles opposées.

Il y a deux espèces de Gui, le Gui de l'Oxycèdre, *Viscum Oxycedrum*, et le Gui blanc ou Gui commun, *Viscum album*, dont on connaît trois variétés : celle à baies blanches, celles à baies rouge pourpre, et celles à baies blanches accompagnées de feuilles cartilagineuses.

Le Gui commun se rencontre sur un très-grand nombre d'arbres, et, par une singularité curieuse, il prend souvent la teinte qui domine dans l'arbre sur lequel il s'implante, comme s'il voulait se dérober aux regards de l'horticulteur qui lui fait une guerre implacable, et, de même que certains hommes, paraissant fort peu se soucier, pourvu qu'il vive, de ses caractères originaux. Ainsi sur l'aubépine et le néflier, le Gui prend une teinte jaune blanc ; sur le pêcher, il est couvert de granulations rougeâtres ; il est jaunâtre quand il croît sur le bouleau, le prunier et le prunellier ; celui que l'on rencontre sur les pins , les sapins et les mélèzes, possède un goût résineux.

Par contre, le Gui se trouve parfois en opposition complète de saveur, d'aspect et de principes avec l'arbre sur lequel il s'est greffé. Il va même jusqu'à conserver son feuillage, qu'il étale insolemment, tandis que son protecteur a perdu le sien.

Les arbres sur lesquels on rencontre principalement le *Gui commun* , outre ceux que j'ai nommés , sont : le châtaignier, l'orme, le frêne, l'érable, le noyer, le noisetier, l'aune, le peuplier, le robinier, le pommier, le poirier, le cerisier, l'amandier , le tilleul , l'olivier, le laurier-rose, le lilas et le rosier.

On ne le rencontre jamais sur le figuier, et il est très-rare sur le chêne ; aussi celui de cet arbre étaitil autrefois, ainsi que nous le dirons tout à l'heure, l'objet d'un culte particulier.

La manière dont le Gui se propage n'est pas moins singulière que ses autres évolutions végétales. Disons d'abord qu'il serait parfaitement inutile de le mettre en terre, car il périrait plutôt que de prendre la peine de s'y développer. Au moyen de la glu dont sa graine est entourée, le Gui pourrait, lorsque le vent l'emporte sur un arbre , s'y placer dans une position convenable et conforme à ces règles générales auxquelles obéissent les autres végétaux dont les graines se retournent d'elles-mêmes dans le sol lorsqu'elles sont dans une position défavorable ; mais le Gui n'a pas tant d'instinct ; sa graine se développe dans la situation où le hasard l'a jetée ; il lui importe peu d'avoir ou non la racine en l'air. Bien plus, cette graine, au lieu de tendre à se séparer du rameau qui la supporte, résiste quelquefois au vent qui veut la détacher, et ce sont des oiseaux, les grives surtout, qui, l'avalant sans la digérer, vont la semer sur les arbres que j'ai cités plus haut.

L'insouciance du Gui devient odieuse quand on songe à ces étonnants prodiges que l'on remarque dans une foule de graines à l'époque où vont commencer ces métamorphoses successives par lesquelles elles doivent passer pour remplacer leurs aïeux. Citons rapidement quelques-unes de ces particularités, pour faire ressortir les avantages de l'activité sur la paresse, et pour montrer combien de spectacles aussi gracieux qu'animés seraient perdus si toutes les plantes ressemblaient au Gui.

Ici, ce sont les graines de l'érable qui, déployant leurs appendices semblables à des ailes de mouche, s'élancent dans les airs aussitôt qu'elles ont atteint leur maturité ; là, ce sont les graines des chardons, des bluets, des pissenlits, des laitues, etc., qui, écartant leurs petits panaches semblables à des parachutes, se laissent mollement aller au souffle des zéphirs ; plus loin, ce sont celles du fenouil, qui, construites en forme de pirogues, vont bravement sur les flots affronter les orages pour établir au loin des colonies nouvelles.

Il en est de même de la scabieuse des marais, dont les graines, surmontées d'une demi-vessie représentant une voile, se réunissent en flotilles pour voguer sur les eaux ; des semences du coudrier qui sont renfermées dans de petits barils; des baies de l'arbre à cire ou piment royal, qui sont revêtues d'une substance graisseuse qui leur donne la faculté de surnager, etc., etc.

Le contraste n'est pas moins frappant quand on compare l'évolution des racines du Gui avec celles d'un grand nombre d'autres végétaux. Tandis, en effet, que le Gui se dévoloppe indifféremment dans quelque position qu'il tombe, se jouant ainsi des lois de la nature, qui veut que la tige se dirige toujours vers le ciel et la racine vers le centre du globe, nous voyons les autres plantes faire de prodigieux efforts pour observer religieusement ces lois. Sont-elles trop près de la surface du sol? elles s'y enfoncent peu à peu d'elles-mêmes. Sont-elles enfouies dans une position oblique, horizontale ou directement contraire à celle qu'elles doivent occuper? elles se redressent ou se retournent insensiblement, jusqu'à ce qu'elles aient atteint une situation normale. Enfin, les racines rencontrent-elles une veine de mauvaise terre ou une excavation de terrain? elles prennent aussitôt une autre direction pour chercher un endroit où elles trouveront à puiser plus abondamment des sucs, ou s'enfoncent plus profondément dans le sol afin d'éviter le contact de l'air. Duhamel raconte à ce sujet que, « voulant préserver un champ de bonne terre des racines d'une rangée d'ormes qui en épuisaient les sucs, il fit creuser une tranchée profonde pour en intercepter la communication; mais bientôt celles des racines qui n'avaient pas été coupées dans cette opération s'infléchirent le long du talus pour éviter le contact de la lumière, passèrent sous le fossé, et se redressèrent en suivant la pente opposée, pour aller de nouveau s'étendre dans le champ. » (*Herbier des demoiselles.*)

Loin de subir cette défaveur qui devrait toujours s'attacher à ceux qui, trop incapables ou trop paresseux pour pourvoir à leur existence, vivent aux dépens des autres dans un déplorable parasitisme, le Gui jouait autrefois le principal rôle dans certaines coutumes ou cérémonies qui ne sont pas encore totalement éteintes. Ainsi, dans quelques parties du département de Loir-et-Cher, les ouvriers et les domestiques vont au renouvellement de l'année offrir une branche de Gui à leurs patrons et à leurs maîtres en disant : *Salut à l'an neuf, donnez-moi ma Gui l'an neuf*. A la même époque, les paysans de la Dordogne se visitent mutuellement en s'offrant ce qu'ils appellent le *Guiliangnaud*, mot qui sans doute est une corruption de ceux-ci : *Gui l'an neuf*.

Autrefois le *Gui l'an neuf* était une quête que l'on faisait dans les églises, et qui fut supprimée au dix-huitième siècle, à cause des nombreux desordres auxquels elle donnait naissance.

Enfin le Gui a été longtemps l'objet d'un véritable culte dont les grands prêtres étaient ces fameux druides qui tiennent une si large place dans les traditions gauloises. C'était le Gui du chêne que ces barbares honoraient particulièrement. Ils le considéraient comme sacré, le portaient au cou en guise d'amulette, et le détachaient de l'arbre avec une serpe d'or au milieu de cérémonies bizarres que Chateaubriand a trop habilement décrites pour que l'on puisse oser faire autre chose qu'un extrait littéral de cet émouvant passage de ses *Martyrs*.

« Les soldats m'avertirent (c'est Eudore qui parle) que depuis quelques jours une femme sortait des bois à l'entrée de la nuit, montait seule dans une barque, traversait le lac, descendait sur la rive opposée et disparaissait. . . . .

. . . .

. . . .

Vers le soir, je me revêtis de mes armes, que je recouvris d'une saie, et sortant secrètement du château, j'allai me placer sur le rivage du lac, dans l'endroit que les soldats m'avaient indiqué.

» Caché parmi les rochers, j'attendis quelque temps sans voir rien paraître. Tout à coup mon oreille est frappée des sons que le vent m'apporte du milieu du lac. J'écoute, et je distingue les accents d'une voix humaine ; en même temps, je découvre un esquif suspendu au sommet d'une vague ; il redescend, disparaît entre deux flots, puis se montre encore sur la

cime d'une lame élevée ; il approche du rivage. Une
femme le conduisait ; elle chantait en luttant contre
la tempête, et semblait se jouer dans les vents; on eût
dit qu'ils étaient sous sa puissance, tant elle paraissait
les braver. Je la voyais jeter tour à tour, en sacrifice
dans le lac, des pièces de toile, des toisons de brebis,
des pains de cire, et de petites meules d'or et d'argent.

» Bientôt elle touche à la rive, s'élance à terre,
attache sa nacelle au tronc d'un saule, et s'enfonce
dans le bois en s'appuyant sur la rame de peuplier
qu'elle tenait à la main. Elle passa tout près de moi
sans me voir. Sa taille était haute; une tunique noire,
courte et sans manches, servait à peine de voile à sa
nudité. Elle portait une faucille d'or suspendue à une
ceinture d'airain, et elle était couronnée d'une branche de chêne. La blancheur de ses bras et de son
teint, ses yeux bleus, ses lèvres de rose, ses longs
cheveux blonds, qui flottaient épars, annonçaient la
fille des Gaulois, et contrastaient par leur douceur
avec sa démarche fière et sauvage. Elle chantait
d'une voix mélodieuse des paroles terribles. . . . . . .

. . . .

. . . .

» Je la suivis à quelque distance ; elle traversa
d'abord une châtaigneraie dont les arbres, vieux
comme le temps, étaient presque tous desséchés par
la cime. Nous marchâmes ensuite plus d'une heure
sur une lande couverte de mousse et de fougère. Au
bout de cette lande nous trouvâmes un bois et une

autre bruyère de plusieurs mille de tours. Jamais le
sol n'en avait été défriché, et l'on y avait semé des
pierres pour qu'il restât inaccessible à la faux et à la
charrue. A l'extrémité de cette arène, s'élevait une
de ces roches isolées que les Gaulois appellent dolmen
et qui marquent le tombeau de quelque guerrier. Un
jour le laboureur, au milieu de ses sillons, contem-
plera ces informes pyramides ; effrayé de la grandeur
du monument, il attribuera peut-être à des puissances invisibles et funestes ce qui ne sera que le té-
moignage de la force et de la rudesse de ses aïeux.

» La nuit était descendue. La jeune fille s'arrêta
non loin de la pierre, frappa trois fois dans ses mains
en prononçant à haute voix ce mot mystérieux :

» Au gui l'an neuf !

» A l'instant je vis briller dans la profondeur du
bois mille lumières ; chaque chêne enfanta pour ainsi
dire un Gaulois ; les barbares sortirent en foule de
leurs retraites : les uns étaient complétement armés ;
les autres portaient une branche de chêne dans la
main droite, et un flambeau dans la gauche. A la fa-
veur de mon déguisement, je me mêle à leur troupe ;
au premier désordre de l'assemblée succèdent bientôt
l'ordre et le recueillement, et l'on commence une
procession solennelle.

» Des eubages marchaient à la tête, conduisant
deux taureaux blancs qui doivent servir de victimes;
les bardes suivaient en chantant sur une espèce de
guitare les louanges de Teutatès ; après eux venaient

les disciples; ils étaient accompagnés d'un héraut
d'armes vêtu de blanc, couvert d'un chapeau surmonté de deux ailes, et tenant à sa main une branche
de verveine entourée de deux serpents.

» Trois senanis (philosophes gaulois qui succé-
dèrent aux druides), représentant trois druides,
s'avançaient à la suite du héraut d'armes; l'un portait
un pain, l'autre un vase plein d'eau, le troisième une
main d'ivoire; enfin la druidesse (je reconnus alors sa
profession) venait la dernière. Elle tenait la place de
l'archidruide, dont elle était descendue. On s'avança
vers le chêne de trente ans où l'on avait découvert le
Gui sacré; on dressa au pied de l'arbre un autel de
gazon. Les senanis y brûlèrent un peu de pain, et y
répandirent quelques gouttes d'un vin pur. Ensuite
un eubage, vêtu de blanc, monta sur le chêne et
coupa le Gui avec la faucille d'or de la druidesse; une
saie blanche, étendue sous l'arbre, reçut la plante
bénie; les autres eubages frappèrent les victimes, et
le Gui, divisé en égales parties, fut distribué à l'assemblée.

» Cette cérémonie achevée, on retourna à la pierre
du tombeau; on planta une épée nue pour indiquer le
centre du mallus ou du conseil. Au pied du dolmen
étaient appuyées deux autres pierres qui en sou-
tenaient une troisième couchée horizontalement. La
druidesse monte à cette tribune. Les Gaulois debout
et armés, l'environnent, tandis que les senanis et les
eubages élèvent des flambeaux; les cœurs étaien

secrètement attendris par cette scène qui leur rappe-
lait l'ancienne liberté. Quelques guerriers à cheveux
blancs laissaient tomber de grosses larmes qui rou-
laient sur leurs boucliers. Tous penchés en avant et
appuyés sur leurs lances, ils semblaient déjà prêter
l'oreille aux paroles de la druidesse.

» Elle promena quelque temps ses regards sur ces
guerriers, représentants d'un peuple, qui le premier,
osa dire aux hommes : » Malheur aux vaincus ! » mot
impie retombé maintenant sur sa tête ; on lisait sur
le visage de la druidesse l'émotion que lui causait
cet exemple des vicissitudes de la fortune.

» Elle sortit bientôt de ses réflexions et prononça
un discours. . . . .

. . . .

Ce n'était que le prélude d'une scène épouvantable.
La foule demande à grands cris le sacrifice d'une
victime humaine, afin de mieux connaître la volonté
du ciel. Les druidesses réservaient autrefois pour ces
sacrifices quelque malfaiteur déjà condamné par les
lois. La druidesse fut obligée de déclarer que, puisqu'il n'y avait pas de victime désignée, la religion
demandait un vieillard, comme l'holocauste le plus
agréable à Teutatès.

» Aussitôt on apporte un bassin de fer sur lequel
Velléda devait égorger le vieillard. On plaça le bassin
à terre devant elle. Elle n'était point descendue de la
tribune funèbre d'où elle avait harangué le peuple ;
mais elle s'était assise sur un triangle de bronze, le

vêtement en désordre, la tête échevelée, tenant un poignard à la main et une torche flamboyante sous ses pieds.

» Je ne sais comment aurait fini cette scène; j'aurais peut-être succombé sous le ler des barbares en essayant d'interrompre le sacrifice. Le ciel, dans sa bonté ou dans sa colère, mit fin à mes perplexités. Les astres penchaient vers leur couchant. Les Gaulois craignirent d'être surpris par la lumière. Ils résolurent d'attendre, pour offrir l'hostie abominable, que Dis, père des ombres, eût ramené une autre nuit dans les cieux. La foule se dispersa sur les bruyères, et les flambeaux s'éteignirent. Seulement, quelques torches agitées par le vent brillaient encore çà et là dans la profondeur des bois; et l'on entendait le chœur lointain des bardes qui chantaient, en se retirant, ces lugubres paroles :

» Teutatès veut du sang; il a parlé dans le chêne des druides. Le Gui sacré a été coupé avec une faucille d'or, au sixième jour de la lune, au premier jour du siècle. Teutatès veut du sang; il a parlé dans le chêne des druides. »

LE BIGARADIER BIZARRERIE.

Le Bigaradier Bizarrerie fait partie de ce genre de plantes qui compte comme espèces : le citronnier proprement dit, l'oranger, le limonier, le cédratier, le limettier et le pampelmouse; c'est-à-dire de l'un des plus beaux genres d'arbres fruitiers exotiques qui existent.

Eu égard à la magnificence de leur feuillage et à la beauté de leurs fruits, tous ces arbres mériteraient sans doute de nous arrêter quelques instants ; mais ce serait un peu sortir de notre sujet, et je renvoie, pour leur description, à des ouvrages spéciaux.

Cependant le citronnier et le cédratier rappellent certains souvenirs que nous ne devons pas omettre et que nous allons brièvement exposer.

Au seizième siècle, alors que le *citron* était encore une nouveauté pour nous, il était d'usage d'en offrir aux personnes que l'on recevait en visite. Les filles de la cour en avaient constamment quelques-uns sur elle, et, disent les chroniqueurs, elles les mordaient de temps en temps pour se rendre les lèvres vermeilles. Il n'y a point d'inconvénients à avoir un citron sur soi ; mais il y en a beaucoup à le porter trop souvent aux lèvres, car si l'acide contenu dans ce fruit donne, pour un moment, aux lèvres une coloration fatice, son application répétée les rend bientôt blafardes et par conséquent très-laides.

Vers la même époque il était d'usage que les écoliers offrissent à leurs professeurs, dans les premiers jours de juin, des citrons dans l'intérieur desquels on mettait des pièces d'or. Cette coutume fut abolie au commencement du dix-huitième siècle, pas probablement sur la demande des professeurs.

Dans certaines localités on attachait jadis une extrême importance à la culture des citronniers. A Menton, petite ville située au pied des Alpes-Maritimes, on avait à cet effet institué une commission qui, nommée *magistrats des citrons*, était chargée d'en surveiller la culture, la récolte et la vente. Cette commission, qui était composée de vingt-sept membres, se perpétua durant cent treize ans.

Le CÉDRATIER était pour les Juifs un arbre sacré [1]. D'après la prescription de Moïse, c'était de ses branches, jointes à celles du saule et du palmiste, qu'étaient formés les thyrses pour la fête des Tabernacles.

A l'époque où les hommes avaient le pouvoir d'évoquer les diables en bouleversant toutes les lois de la nature et de la raison, les fruits du cédratier jouaient un rôle dans beaucoup d'œuvres de magie. Bien des fois ils contribuèrent à abuser de l'innocence des gens simples et crédules. Mais laissons là tous ces contes et arrivons au *Bigaradier Bizarrerie*, l'arbre le plus extraordinaire peut-être qui existe.

Cet arbre, qui n'est connu que depuis l'année 1644, participe à la fois du *Bigaradier* proprement dit, du *citronnier*, de l'*oranger* et du *cétradier;* ainsi, sa tige est celles du bigaradier; ses feuilles ressemblent, les unes aux feuilles du bigaradier, les autres à celles du citronnier; ses fleurs sont, à très-peu de chose près,

---

[1] De nos jours mêmes, et dans les rites scrupuleusement observés, un juif ne peut entrer dans le temple à certains jours qu'en ayant à la main un rameau de cédratier.

celles du cédratier ; ses fruits enfin sont : des limons,
des oranges, des bigarades et des cédrats, réunis
souvent sur la même branche. L'aspect intérieur et
le goût de ces fruits ne sont pas moins extraordinaires : sur quatre portions égales, deux appartiennent à l'orange pour l'aspect, et les deux autres à la
bigarade, au cédrat et au limon ; mais quand on en
mange, on reconnait aussitôt dans l'orange le goût
du cédrat, du limon ou de la bigarade, tandis que
ceux-ci rappellent la saveur de la pomme d'or du
jardin des Hespérides.

Bien des conjectures ont été faites sur l'origine du
bigaradier bizarrerie : les uns ont attribué cet arbre
au hasard, ils voulaient dire sans doute à un jeu de
la Providence ; d'autres supposent qu'il provient du
greffage du citronnier, de l'oranger et du cédratier
sur le bigaradier proprement dit ; mais il y avait un
moyen bien simple de justifier cette opinion : c'était
de répéter cette greffe, et je ne sache pas que l'expé-
rienne ait été tentée. L'origine réelle du bigaradier
bizarrerie reste donc encore à découvrir. Y par-
viendra-t-on ? J'en doute, et j'ai bien peur que cet
arbre ne reste toujours, avec tant d'autres choses,
sous ce voile impénétrable aux efforts de notre petite
intelligence.

La nature, hélas ! est fertile
En ces mystères décevants
Qui contraignent le plus habile
A jeter son bonnet aux vents :

> Pour les ouvrages du grand Être,
> Le plus savant logicien
> Est celui qui sait reconnaître...
> Qu'il ne sait rien.

Il existe trois autres espèces de bigaradier : le *Bigaradier grand'connétable*, qui fut importé chez nous vers l'année 1420, et dont l'orangerie de Versailles possède un fort bel échantillon ; le *Bigaradier chinois*, qui ne vient point de la Chine, ainsi que son nom paraît l'indiquer, mais des environs du Gange ; enfin, le véritable *Bigaradier chinois*, nommé, à cause de son feuillage, *Bigaradier à feuilles de myrte*, et qui fournit ces petits fruits que l'on mange confits au sucre et à l'eau-de-vie, sous le nom de *chinois.*

CHAPITRE IV

LE BAOBAB. — LE RAFLESIA RNOLDI. — LE   NIER.

Nous avons fait précédemment l'historique d'un de ces énormes végétaux dont les formes colossales nous frappent d'étonnement et d'admiration, le *Figuier du Bengale*.

Nous allons maintenant tracer celui d'un végétal non moins remarquable par ses formes gigantesques ; ce végétal est le BAOBAB, arbre originaire d'Afrique, cette partie du globe si fertile en monstres, ainsi que le dit Pline, qui confondait l'extrême dimension des formes avec la monstruosité.

Le plus beau de tous les baobabs connus est celui que l'on désigne sous le nom de BAOBAB D'ADANSON : sa circonférence est de vingt-cinq à trente mètres ; sa hauteur de vingt-quatre à vingt-cinq, et sa largeur totale de quarante à cinquante. Ses racines, dont chacune correspond à l'une des énormes et nombreuses branches dont se couronne la cime du baobab, s'étendent en rayonnant dans toutes les directions à plus de cent pieds du tronc principal.

Les caractères botaniques de ce superbe végétal sont

les suivants : fleurs blanches teintées de jaune, solitaires et pendantes, un pistil surmonté de dix à dix-huit stigmates ; de six à sept cents étamines ; corolle à cinq pétales longs chacun de seize à vingt-quatre centimètres ; calice caduc à cinq divisions. Le fruit est une grande capsule ovoïde de la grosseur environ d'une orange, velue, dure et contenant une très-grande quantité de graines entourées d'une pulpe abondante. C'est ce fruit que les Européens appellent *pain de singe*, et que les naturels nomment *bocci*. Les feuilles du baobab sont éparses, supportées par un pétiole de huit   eize centimètres, et formées de trois, cinq ou sept folioles dentelées vers leur partie supérieure.

Si j'ajoute à ces caractères que le baobab est un végétal dicotylédoné, et que les étamines sont insérées sous l'ovaire, j'aurai dit, mesdemoiselles, à celles d'entre vous qui sont d'une certaine force en botanique, que cet arbre appartient à l'*hypopétalie*, treizième classe du système de Jussieu, et qu'il fait partie de la même famille que le *cotonnier*, le *cacaoyer*, la *passe-rose*, la *guimauve* et la *mauve*, c'est-à-dire de la famille des *malvacées*.

La longévité de cet arbre est en rapport avec sa grosseur ; Adanson dit en avoir vu qui n'avaient pas moins de six mille ans d'existence.

Le fruit du baobad ou le *pain de singe*, ainsi que les feuilles et l'écorce des jeunes rameaux, sont utilisés dans l'économie domestique. Doué d'une petite saveur aigrelette, le fruit à l'état frais offre un aliment assez agréable ; lorsqu'il est gâté, les nègres en préparent une espèce de savon qu'ils obtiennent de la trituration de ce fruit avec l'huile de palme ; les feuilles et l'écorce des jeunes rameaux servent à faire des tisanes adoucissantes.

Le tronc du baobab est sans utilité, attendu qu'il est d'un bois peu consistant, aussi ne l'abat-on pas ; mais tandis qu'il est sur pied, il reçoit une destination singulière.

Cet arbre étant sujet à une maladie qui le ronge à l'intérieur, on transforme son tronc en d'immenses cavernes où l'on dépose les cadavres des *guiriots*, espèce de sorciers poëtes-musiciens qui président aux fêtes données par les rois du pays. Ces rois, qui redoutent beaucoup ces pauvres troubadours durant leur vie, les font, après leur mort, suspendre dans les antres du baobab, où ils se dessèchent, à moins qu'ils ne soient mis en pièces par les boas et les tigres, habitants ordinaires de ces cavernes obscures.

LA RAFFLESIA ARNOLDI.

En fait de monstruosités ou plutôt de colosses floraux, rien n'approche d'une certaine plante de Sumatra qui fut découverte en 1812 par le gouverneur de l'île, sir Stramford Raffles, qui fit un voyage à l'intérieur avec le docteur Joseph Arnold, naturaliste d'un très-grand mérite.

Voici dans quels termes le docteur Arnold décrit sa découverte ainsi que la fleur qui en fut l'objet, dans une revue scientifique anglaise, le *Blackwood's Magazine*.

« Je vous apprends avec joie que j'ai trouvé à Pubo Labban, sur les rives de la Manna, le plus grand prodige du règne végétal. Je m'étais avancé un peu en avant des autres, quand un des domestiques malais accourut vers moi tout transporté de joie en s'écriant :

— Venez, monsieur, venez voir une fleur immense, splendide. Je fis une centaine de pas, et il me montra sous les buissons une fleur vraiment étonnante et placée très-près du sol. Ma première pensée fut de la cueillir, et trouvant qu'elle sortait d'une racine ou liane qui courait horizontalement, je la détachai et l'emportai dans la cabane.

» A dire vrai, si j'avais été seul, j'aurais craint de faire connaître les dimensions de cette fleur, tant elle excède tout ce qu'on a vu ; mais sir Stramford et lady Raffles, qui furent aussi émerveillés que moi, sont là pour l'attester.

» Toute la fleur avait une épaisseur considérable. Les pétales et le nectaire n'avaient pas moins, dans quelques endroits, d'un quart de pouce d'épaisseur. Son tronc était très-succulent. Lorsque je la cueillis, un essaim de mouches voltigeait autour.

» Voici les dimensions de cette fleur prodigieuse : une aune de largeur dans sa plus grande étendue ; les pétales douze pouces de hauteur et autant de largeur.

Le nectaire aurait pu contenir douze pintes de liquide, et la fleur entière pouvait peser quinze livres.

— Un guide de l'intérieur du pays nous dit que ces fleurs y sont rares. Les habitants la nomment KRUBILL (*grande fleur*). Dans quelques districts on l'appelle AMBUR-AMBUR. Il lui faut trois mois pour se développer, depuis l'apparition de la gemmule jusqu'à l'entier épanouissement des pétales. Elle ne fleurit qu'une fois, après les pluies. Elle croît sur la tige du *Cissus angustifolia*. La fleur se fane peu de temps après son développement, et les graines sont entraînées avec la masse pulpeuse.

» C'est la merveille du règne végétal.

» Le docteur Horsfield en a fait connaître une petite espèce. On en a aussi trouvé à Nusa Kambangan, petite île près de Java, une seconde espèce d'une très-grande beauté, mais large de deux pieds seulement.

» Ces fleurs n'ont pas de tiges, ni de feuilles, ni de racines ; elles sont situées sur les feuilles qui les soutiennent, contenues dans des écailles de couleur pourpre.

» Ces plantes étonnantes, que l'on peut classer parmi les parasites, n'ont d'analogie dans le règne végétal qu'avec les champignons, qu'elles dépassent toutefois de beaucoup en dimension, car elles ont en général de six à neuf pieds de circonférence. »

Le rapprochement du baobab et de la rafflesia Arnoldi me fournit l'occasion de rappeler cette loi presque générale, suivant laquelle la grosseur des

fruits est en raison inverse des tiges qui les supportent. Cette particularité, que l'on peut observer en
comparant d'un côté les amandes, les noix, les mar-
rons, les glands, etc., avec l'élévation des arbres qui
les fournissent, de l'autre les melons, les pastèques
et les citrouilles avec la tige exiguë des végétaux qui
les produisent; cette particularité, dis-je, est surtout
frappante dans le baobab, dont le tronc énorme fournit des fleurs et des fruits d'une dimension très-
ordinaire, tandis que la rafflesia, qui n'a pas même de
tige, produit la plus grande fleur que l'on connaisse.

On reconnaît la sagesse et la nécessité de cette disposition en songeant aux inconvénients très-graves
qui auraient pu résulter pour l'homme de la disposition contraire. En effet, si les amandes, les glands, les
noix, les châtaignes, etc., eussent été en rapport de
volume avec le tronc des végétaux qui nous les
donnent, il nous eût été interdit de nous promener
dans les forêts à l'époque où ces fruits mûrissent, sous
peine d'être écrasés par leur chute ; et si les citrouilles,
les melons et les pastèques eussent été placés dans
des arbres de la hauteur des chènes et des marron-
niers, à l'inconvénient que je viens de citer, se serait
joint celui beaucoup moins sérieux sans doute, mais
au moins fort désagréable, de voir ces fruits s'aplatir
et se gâter presque complétement en tombant de leur
rameaux.

Cette explication peut évidemment s'appliquer au
baobab et à la rafflesia, mais cependant je ne sais

pourquoi je suppose que pour cette dernière plante
cette explication ne suffit pas. La situation de la rafflesia presque à la surface du sol me paraît devoir être
autrement motivée, et si le docteur Arnold, au lieu
de l'emporter précipitamment dans sa cabane, eût
pris la peine de l'examiner à différentes heures du
jour et de la nuit, peut-être aurait-il découvert là
quelques-unes de ces relations animales des plantes
dont Bernardin du Saint-Pierre a fait une si riche
moisson, et qu'il a si bien décrites dans ses *Etudes de
la Nature.*

Qui sait? Peut-être la rafflesia sert-elle de refuge et
de pâture à de nombreux essaims d'insectes ou à
quelque gentil quadrupède? Peut-être le docteur
Arnold aurait-il aperçu sous un des pétales de cette
superbe fleur de jeunes et tendres mères occupées à
savourer avec délices toutes les jouissances de la ma-
ternité. C'eût été sans doute un bien charmant spectacle, et cela n'est pas impossible. Que de fleurs ne
semblent ainsi s'épanouir que pour la commodité de
nouveaux petits êtres! Heureux petits êtres dont
toutes les joies consisteront à recevoir un rayon de
soleil dans le calice embaumé d'une fleur!

LE COTONNIER.

Cet arbre, dont les produits sont si répandus, n'a
rien de particulier dans son aspect, si toutefois on
excepte le coup d'œil particulier que présentent ces

masses blanchâtres et floconneuses qui, s'échappant des capsules des fruits et recouvrant presque tout le feuilage, simulent parfaitement, à quelques pas de distance, un arbre couvert de neige.

Les caractères botaniques du cotonnier n'ont également rien de saillant au point de vue pittoresque. Les fleurs sont composées d'un style cannelé que terminent trois ou cinq stigmates, d'étamines très-nombreuses, d'une corolle à cinq pétales et d'un calice double. Les fruits sont des capsules ovoïdes d'où sortent ces masses nébuleuses et d'une blancheur immaculée qui constituent le *coton en poils;* la tige est plus ou moins élevée, suivant les espèces.

Mais ce qui fait du cotonnier un arbre très-remarquable, ce sont les transformations innombrables que subissent ses produits.

Rien ne serait plus curieux que de suivre ces coques de moelleux duvet depuis le moment où on les arrache de l'arbre jusqu'à celui où elles sont ramassées par les chiffonniers, après avoir emprisonné de gracieux bustes sous forme de mousseline, de basin, de velours, etc., ou préservé de la froidure de respectables têtes, dont les possesseurs tiennent plus à la commodité d'une coiffure nocturne qu'aux exigences de la coquetterie.

Que d'épisodes charmants ou grotesques on recueillerait sur sa route !

La narration suivante peut donner une idée du chemin qu'on aurait à faire, et de toutes les observations intéressantes qu'on pourrait y recueillir.

« Un curieux, dit M. Thiébaut de Berneaux, a voulu se rendre compte de la destinée de quatre kilogrammes de coton recueillis dans un village bhéel de la province de Dehli dans le Mogol, et voici ce qu'il a su :

» Ces quatre kilogrammes ont descendu du fleuve de la Jumnah dans celui du Gange ; et arrivés à Calcutta, ils ont reçu quatre destinations différentes. Le premier kilogramme partit pour la Chine et fut compris dans les cinquante millions de kilogrammes que l'Inde, aujourd'hui britannique, vend annuellement sur les marchés de Canton ; il a été livré pour sa part contre un quart de thé, acheté à raison de 1 franc 80 centimes de kilogramme, et vendu modestement 12 francs aux consommateurs du continent européen.

» La seconde portion du coton bhéel, embarquée sur un navire américain, a produit une valeur quintuple en marchandises indigènes aux États de l'Union.

» Les deux autres portions ont été expédiées en Europe.

» L'une est venue en France, où elle a été ouvrée, cardée, mise en fil dans le court espace de sept minutes, puis convertie, en dix autres minutes, en un tissu charmant qui fit les délices de la mode et passa, dans l'espace de six mois, dans plus de vingt mains différentes, vendu, troqué, prêté, volé, teint, reteint, dépécé et ruiné totalement.

» L'autre est passée chez les Anglais. Du port de débarquement elle est partie pour Manchester, où elle fut tout de suite convertie en fil, ensuite envoyée à Paisley en Écosse pour y être tissée ; le tissu obtenu fut porté dans le comté d'Ary pour y subir une préparation, et de là reporté à Paisley, afin d'y être rayé élégamment par des procédés compliqués, mais prompts et ingénieux. Conduit alors à Dumbarton, dont les ateliers à broder n'ont point de rivaux, il est descendu à Renfrew pour être blanchi, et à Glascow à l'effet d'y recevoir une dernière façon. De Glascow il est venu à Londres et de là embarquée pour l'Inde. Dans l'espace de moins d'une année, cette quatrième portion de coton, partie de Dehli, y est revenue après avoir été l'objet du travail et du profit de trois cents personnes, après avoir parcouru plus de deux mille quarante-quatre myriamètres, ou quatre mille six cents lieues communes, et là, elle a servi à parer une heureuse odalisque, à rendre plus légère et plus gracieuse la danse d'une jeune bayadère, et enfin elle a péri mêlée aux haillons d'une vieille esclave. »

CHAPITRE V

AREC CHOU PALMISTE

L'arec est un de ces beaux palmiers qui font une
partie de l'ornement et de la richesse du nouveau
monde.

Un tronc qui peut s'élever à plus de quarante
mètres, une magnifique cime en forme de parasol et
composée de feuilles dont chacune a trois ou quatre
mètres de longueur ; de larges pétioles, simulant des
cuvettes et pouvant servir aux usages domestiques ;
de belles panicules de fleurs blanches, enfin, un petit
fruit bleuâtre de la grosseur d'une amande, tel est
l'ensemble de sa physionomie.

Mais c'est surtout sa cime qui est intéressante :
cette cime, ou bourgeon terminal, est formée d'une
foule de lames blanc-mat très-tendres et appliquées
les unes sur les autres, à la façon des feuilles du chou,
ce qui a fait donner à cet arbre le nom de *chou pal-*

mest ; mais l'analogie d'aspect est extrêmement for-
cée. Pour le goût, il en est de même : celui du chou
palmiste ne ressemble pas plus à la saveur des choux
de nos potagers, que la banane au navet.

Pour avoir une idée de la délicieuse saveur du chou
palmiste, que l'on se figure un mélange de noisette
et d'artichaut, et encore sera-t-on loin de la réalité.
Peu de substances alimentaires sont, en effet, plus
appétissantes que le chou palmiste. Les Européens qui
arrivent dans les colonies en deviennent aussitôt très-
friands, et quand ils ont été longtemps privés de ce
mets délicat, ils n'y peuvent plus songer sans que
l'eau leur en vienne à la bouche.

Le chou palmiste se mange sous plusieurs états
différents : cru, cuit, en salade, à la sauce, assai-
sonné au rhum, mariné dans l'huile, etc., etc., et
n'importe comment on l'apprête, on y retrouve toujours cette saveur indéfinissable qui flatte si agréablement le palais.

Il n'y a qu'un inconvénient aux jouissances gastro-
nomiques que procure le chou de l'arec, c'est qu'en
coupant ce chou l'on détruit infailliblement l'arbre,
puisque c'est dans sa cime que sont renfermés tous les
germes de son développement. Mais ces végétaux se
reproduisent avec tant d'abondance et de célérité dans
les climats chauds, que l'espèce ne court aucun risque
de disparaître, à moins toutefois que la spéculation
européenne ne s'en mêle un jour. Il arriverait alors ce
qui est arrivé pour les cèdres qui sont devenus si rares,

du moment où les hommes civilisés se sont aperçus de la beauté de leur bois.

Espérons que le chou palmiste évitera ce triste sort en continuant de rester sous la sauvegarde des sauvages.

LA COCA.

La coca est une plante que l'on cultive au Pérou sur une très-grande échelle, surtout dans le département de la Paz et dans la république de Bolivie.

Sa tige, haute d'environ trois mètres, est revêtue d'une écorce grise ; ses rameaux sont rougeâtres, ses feuilles elliptiques et d'un vert luisant ; ses fleurs, blanches et jaunes, sont réunies au sommet des branches, en petits faisceaux de trois ou cinq ; son fruit est une petite grappe rouge contenant un noyau que quelques auteurs ont dit à tort avoir servi de monnaie courante dans les pays où croît la coca.

La partie de cet arbrisseau la plus intéressante pour nous à connaître, est son feuillage qui possède des propriétés véritablement merveilleuses, ainsi qu'on va le voir par ces lignes empruntées à M. Thiébaut de Berneaud :

« ..... On en usait aussi pour se préserver de commettre des fautes ; on en présentait au moribond, et lorsqu'il pouvait en exprimer le jus avec les lèvres ou avec les dents, on était assuré de l'arracher à la mort. Son influence sur le bonheur de la vie était telle,

qu'un indigène de l'un ou l'autre sexe, riche ou pauvre, se croit encore aujourd'hui menacé des plus
grandes infortunes quand il est privé de la coca;
aussi chacun en porte-t-il sur soi une certaine quantité, contenue dans un sachet qu'il tient pendu à son
cou, ou bien attaché à sa ceinture. Les feuilles fraîchement cueillies de cette plante se mêlent avec un
peu de terre calcaire, ou des semences de Quinua ; on
les roule en boule, que l'on tient le plus longtemps
possible dans la bouche, et on les mâche trois fois par
jour, le matin, à midi et le soir. Le malheureux condamné à l'exploitation des mines, ainsi que l'indigent
à moitié nu, n'ayant pour toute nourriture qu'un peu
de maïs et quelques *papars* (notre pomme de terre) ;
le laboureur au sein de ses rustiques travaux, ainsi
que le pâtre suivant ses troupeaux dans les pampas
ou déserts, sur les sommets glacés des Andes, supportent leur misère avec patience, oublient leurs fati-
gues avec joie s'ils ont sur eux quelques feuilles de
coca. L'odeur qu'elles exhalent est agréable ; tenues
dans la boucle, elles l'entretiennent dans une bienfaisante fraîcheur, tandis qu'elles donnent du ton à
l'estomac et à toutes les habitudes du corps ; elles rappellent le sommeil qu'elles bercent incontinent de
doux et riants mensonges ; elles inspirent le plaisir
au jeune homme plein de santé, comme elles conso-
lent la vieillesse pesante, comme elles versent un
baume salutaire sur les maux qui tourmentent l'in-
firme désenchanté de tout; elles préservent les dents

de la carie et des douleurs, compagnes inséparables
e sa marche lente et sourde ; elles conviennent aux
voyageurs sans cesse exposés aux intempéries des sai-
sonsdaux navigateurs, surtout à ceux qui se hasar-
dent dans les mers polaires. En un mot, semblable à
ce Népenthès si vanté par Homère, la Coca chasse les
noirs chagrins, les soucis dévorants, les craintes in-
quiètes ; elle calme la colère, sèche les larmes cui-
santes, dissipe le vague de l'âme qui veut être mieux
et n'est jamais bien ; elle réconcilie l'homme avec lui-
même, elle lui montre l'espérance aux ailes dorées lui
tendant les bras ; elle déracine jusqu'à l'affreux désir
de la vengeance, jusqu'aux tourments de l'envie, et
répare tous les désordres que les passions violentes
apportent dans l'esprit et le cœur. »

D'après ce tableau, la Coca serait la panacée universelle, le remède à tous les maux, et il suffirait d'en
avoir quelques kilogrammes à sa disposition pour
être constamment heureux, valide, bon et presque
immortel. N'y a-t-il pas un peu d'exagération dans
cette peinture ? c'est très-probable, car autrement la
Coca mettrait l'homme dans une condition qui n'est
sûrement pas celle que nous devons avoir sur la terre ;
en un mot, elle réaliserait le Paradis ; et les moments
que Dieu nous donne sur le globe seraient le but
final de notre création. Il n'y a que les athées qui
puissent penser de la sorte.

L'existence n'est point un but, mais un passage
Où le parfait bonheur ne se rencontre pas

Et pour le traverser, comme le doit un sage,
Il faut savoir souffrir les ennuis d'ici-bas.

Nous pouvons, par moments, adoucir la misère
    Que le sort sème sur nos jours;
Nous pouvons éprouver dans ce rude parcours
    Des félicités passagères,
    Mais non pas être heureux toujours.

Avant que d'arriver où nous mène la vie,
Endroit où nous serons peut-être dès demain,
Il faut, comme l'enfant de la douce Marie,
Arroser de nos pleurs les ronces du chemin.

LE CÈDRE.

Le CÈDRE, victime de la cupidité des hommes qui ont abattu, sans les remplacer, ceux qui formaient de si belles forêts à la crête des monts Liban, Amanus et Taurus, le CÈDRE dont le nom signifie puissance dans toutes les langues orientales, était un arbre aussi remarquable par son élévation gigantesque et son port majestueux, que par sa longévité et l'indestructibilité de son bois.

Nous possédons en France quelques-uns de ces arbres, mais ils sont loin d'atteindre aux proportions de leurs ancêtres. Le plus remarquable que nous connaissions est celui qui couronne le labyrinthe du Jardin des Plantes de Paris, et que Bernard de Jussieu nous apporta dans son chapeau en 1727 ; ce qui donne à cet arbre cent vingt-trois ans d'âge au moment où j'écris.

M. Thiébaut de Berneaud dit en avoir vu en 1792 aux château de Montbéliard deux tiges qui avaient été plantées en 1469 par Héberard de Wurtemberg ; il ajoute qu'en 1834 il en recevait des nouvelles et que, à cette époque, elles étaient dans toute leur vigueur.

L'aspect du cèdre est celui d'une série de parasols les uns au-dessus des autres, et ce feuillage est si épais que la pluie peut à peine le traverser : de ce feuillage sortent des fruits ou cônes de la grosseur d'un gros citron et qui demeurent deux années sur l'arbre avant de laisser échapper leurs grains.

Le CÈDRE était jadis employé dans la construction des grands monuments. On s'en était servi pour le fameux temple de Jérusalem ; il entrait aussi dans la construction du palais des rois persans à Persépolis ; palais magnifique, dont Alexandre ordonna l'incendie dans un jour de débauche !

LE CERISIER.

A qui devons-nous cet arbre, tel qu'il est aujourd'hui, c'est-à-dire produisant des fruits aussi jolis que délicieux ? Est-ce au fameux Lucullus qui, selon quelques auteurs, l'aurait apporté du royaume de Pont à Rome après la défaite de Mithridate, 68 ans avant Jésus-Christ ? Ou bien est-il une conquête de nos horticulteurs sur l'état sauvage ? Cette question n'a pas été parfaitement résolue, mais d'ailleurs il nous importe peu qu'elle le soit; grâce aux jouissances qu'il nous procure, le CERISIER peut très-bien se passer de constater son origine.

Rangé par les amateurs au nombre des arbres fruitiers dont les productions sont le plus agréables, nous le plaçons, nous, parmi les plantes dignes d'une attention particulière, à cause d'un fait où il joue le principal rôle et qui durant cinq siècles s'est commémoré à Hambourg par une fête nommée *Fêtes des cerises*. Voici ce fait : En 1432 les Hambourgeois étant assiégés par les Hussites qui venaient avec l'intention de détruire leur ville, un bourgeois nommé Wolf eut l'idée d'envoyer au chef des assaillants, Procope Nassus, une députation d'enfants de sept à quatorze ans vêtus de draps mortuaires. Cette ambassade eut un plein succès. Le guerrier hussite, ému par l'aspect de ces infortunés petits parlementaires dont le vêtement lugubre formait avec leur jeune âge un si pénible contraste, les reçut avec bienveillance, les régala de cerises et leur promit d'épargner la ville : ce qu'il fit en effet. De là l'institution de cette fête des cerises, durant laquelle parents et amis s'offrent de ce fruit en se donnant le baiser de paix.

Marié à la vigne, ainsi que cela se fait dans certaines parties des Hautes-Pyrénées, le cerisier concourt à produire un ravissant tableau que M. Clavé décrit en ces termes: « Par une belle matinée de printemps, transportez-vous sur l'un des coteaux qui bordent cette belle plaine (des Hautes-Pyrénées) au levant et au couchant, et dites si vous avez vu un spectacle qui surpasse en magnificence celui qui s'offre devant vous: c'est un océan de fleurs que, pardessus la douce verdure des pampres, fait mollement onduler une légère brise et qui, se combinant avec la rosée, reflète les rayons du soleil d'une manière éblouissante. Plus tard la décoration change ; et, lorsque sous l'influence de cet astre bienfaisant les fruits se sont colorés, c'est une étendue immense de girandoles de jais et de rubis qui se balancent au-dessus d'un sol tout couvert de légumineuses et de céréales de tout genre ; car, dans ce beau pays, la plupart des terres sont à la fois champ, vigne et verger. On pourrait ajouter *taillis ;* car les cerisiers qui soutiennent la vigne sont émondés tous les ans ; tous les ans aussi on arrache les vieux, et ces deux opérations procurent beaucoup d'excellent bois de chauffage. On réserve la plus grosse souche pour la nuit de Noël : la veille de cette fête, à peine le soleil a-t-il disparu sous l'horizon, que cette souche est placée au fond du foyer avec une certaine solennité. Le chef de famille y met le feu, et sur-le-champ la flamme s'élève en pétillant, claire, brillante, pure, comme la lumière que vint apporter au monde le divin Enfant qui naquit dans cette nuit mémorable. Aïeul, aïeule, père, mère, enfants, sont rangés en cercle dans la cheminée aux larges flancs, chantant à l'unisson de vieux noëls composés dans l'idiome natif du pays. Bientôt le son de la cloche lointaine se fait entendre : tous se lèvent avec empressement, à l'excep-

tion du grand-père ou de la grand'mère infirmes, dont
on prend congé en les embrassant, et qui gardent le
coin du feu, priant le bon Jésus pour ses bons petits-
fils et préparant le réveillon qui doit les régaler au
retour. Cependant, vers l'église, bâtie sur le point
culminant d'une colline, s'acheminent nos pèlerins,
toujours chantant à la lueur d'une torche formée
d'écorces de cerisier roulées en spirale autour d'une
longue perche. Cette torche est ponr eux ce que fut
l'étoile pour les Mages. »

Quoiqu'il le mérite peut-être beaucoup plus que
bien d'autres plantes qui ont eu cet avantage, le cerisier a rarement inspiré les poëtes. Je ne connais
aucune ode en son honneur, et j'avoue que je n'ai
point encore eu l'idée de réparer cette injustice. Cependant il me revient à l'esprit quelques vers qui
furent motivés par une délicieuse conserve des fruits
de cet arbre. C'était une remercîment impromptu que
j'adressais il y a quelques mois à une très-aimable
dame, la vicomtesse de B., qui avait eu la bonne
attention de m'envoyer cette conserve pour aider à
la guérison d'une forte bronchite qui me retenait à la
chambre depuis plusieurs jours.

> Grâce à vos bonbons succulents,
> Ma bronchite s'est adoucie.
> Souffrez que je vous remercie,
> Madame; ils étaient excellents !
>
> Ils étaient !... J'aimera's mieux dire
> Ils sont, mais mon palais, hélas!
> Leur a découvert tant d'appas,

Qu'il n'a pu se les interdire ;
Et c'est à leur bon goût parfait,
Madame, qu'il faut vous en prendre,
Si je suis obligé de rendre
Ce parfait par un imparfait.

Mais du moins si ma gourmandise,
Qu'un rhume ne peut excuser,
En glouton m'a fait abuser
De ces bonbons à la cerise,
Et si déjà de leur saveur
Mon palais n'a plus la mémoire,
J'en garderai, veuillez le croire,
Un long souvenir dans mon cœur.

LE CAFÉ.

Le Café tient une large place parmi les substances dont l'importation fut suivie d'une sensation profonde tant dans le monde savant que dans celui des gastronomes.

Son historique est des plus curieux.

« Le caféier (la plante qui fournit ce fruit) est originaire de l'Éthiopie et non pas de l'Arabie, comme quelques-uns l'avaient prétendu. Les Arabes n'ont fait que généraliser sa culture et faciliter son exportation sur différents points du globe.

Après les Arabes, ce sont les Orientaux, les Egyptiens, les Perses, les Turcs, les Hollandais et les Italiens, qui cultivèrent et firent usage du café, dont les fruits ne furent introduits en France que vers l'année 1669. A cette époque, il n'y avait que les gens riches qui pussent s'en procurer, car la livre ne se vendait pas moins de 120 ou 140 fr. ; mais cette cherté diminua bientôt, et le nombre des consommateurs s'accrut considérablement.

Le Caféïer

❧ L'habitude du café devint plus générale encore

soixante-dix années plus tard, lorsque Louis XIV eut fait transporter à la Martinique, par le capitaine Déclieux, deux ou trois pieds de *caféier* qu'il avait reçus de Resson, consul de France en Hollande, et qui réussirent à merveille. De la Martinique, le café se propagea dans toutes nos possessions des Antilles, de la Guyane, etc.; et n'étant plus dès lors tributaires des étrangers, nos commerçants purent nous le fournir à un prix assez modique.

» Tout le monde sait comment on emploie le café. On le fait d'abord torréfier, puis on le pulvérise dans de petits moulins; ensuite on verse dessus de l'eau bouillante, qui s'empare du parfum et de la couleur qu'il vient d'acquérir par la torréfaction.

» Que dire de l'usage du café? Est-il complétement innocent? Est-il utile? Est-il nuisible? Beaucoup de controverses ont eu lieu à ce sujet; mais il est arrivé ce qui arrive toujours en pareilles circonstances, c'est que les antagonistes, après avoir longuement parlé, disputé, crié, tempêté, se sont retirés chacun chez soi, bien décidés à ne rien changer de leur manière de voir. Au fait, les raisons des parties étaient trop contradictoires pour qu'un accommodement fût possible.

» Ses partisans voyaient dans le café ce divin nectar rêvé par les poëtes; c'était pour eux une panacée universelle qui facilitait les fonctions de l'estomac et chassait les idées les plus sombres, les soucis les plus noirs, les chagrins les plus amers. Par ce délicieux breuvage, l'âme devenait plus bienfaisante, les illusions plus douces, l'imagination plus vive, l'esprit plus épuré, le goût plus délicat ; enfin, pour nous servir de l'expression d'un poëte, boire du café, c'était boire un rayon de soleil.

» Les détracteurs s'apitoyaient sur le sort futur des peuples chez lesquels se serait introduit l'usage du café. A les entendre, toute vie sérieuse, calme et positive allait disparaître pour faire place à une existence factice, irrésolue, chimérique, extravagante. En un mot, cette boisson ne devait rien moins que changer d'une façon désavantageuse la forme et l'originalité du caractère national.

» Il y a dans tout ceci de l'exagération et du vrai. On ne peut refuser au café la propriété de combattre l'espèce de torpeur qui résulte d'un repas trop copieux. Il fait naître un enjouement aimable, provoque l'abandon, rend l'esprit plus subtil. Mais la surexcitation qu'il cause exerce, à n'en pas douter, une fâcheuse influence sur la santé de plusieurs personnes ; car s'il en est qui le supportent impunément, il en est d'autres qui finissent par en éprouver un véritable état maladif. Beaucoup d'affections nerveuses n'ont pas eu d'autre origine, et sans entrer dans de plus longs détails, cela suffit, ce nous semble, pour engager les jeunes personnes à se priver de l'usage d'une substance qui leur est inutile pour dissiper des chagrins qu' nlsel'ont pas, pour obvier aux suites d'une gourmandise dont elles sont incapables, ou pour

éveiller une gaieté qui leur est naturelle. » (*Herbier
des Demoiselles*.)

L'ACANTHE DOUCE.

L'ACANTHE nommée *douce* ou *molle* parce qu'elle n'a
pas d'épines, contrairement à une autre espèce d'A-
cante qui est pourvue de ces appendices et que l'on
nomme *Acanthe épineuse*, l'*Acanthe molle*, disons-
nous, est une plante herbacée et vivace très-commune
dans les contrées méridionales de l'Europe, et dont
les larges feuilles sont fort remarquables, tant par
leur coupe gracieuse que par les sinuosités qui s'y
rencontrent.

Mais ce qui a surtout fait la célébrité de cette
plante c'est l'épisode suivant que Vitruve rapporte en
ces termes :

« Une jeune fille de Corinthe étant morte à la fleur
de l'âge, sa nourrice, qui la chérissait tendrement,
rassembla dans une corbeille les fleurs et les bijoux
dont elle avait aimé à se parer pendant sa vie, et vint,
tout éplorée, déposer cette corbeille sur son tombeau ; et pour préserver ce qu'elle renfermait des
injures de l'air, elle le couvrit d'une grande tuile. A
cette place même commençait de germer un pied
d'Acanthe molle : bientôt les feuilles se développent,
et rencontrant la tuile, se recourbent autour d'elle
avec grâce, comme pour seconder l'intention de la

tendre nourrice et former une décoration digne de cette tombe virginale. L'architecte Callimaque vint à passer ; il ne peut détacher ses regards de ce tableau charmant ; son cœur est attendri. L'émotion de l'âme n'est jamais stérile dans l'homme de génie ; on l'a observé, les grandes pensées viennent du cœur, et c'est du cœur de Callimaque que nous est venue la grande pensée de l'ordre corinthien, le plus beau, le plus riche, le plus gracieux de tous les ordres. Bientôt la corbeille funéraire, avec sa jolie ceinture de feuilles d'Acanthe, apparait dans les airs couronnant une colonne dont toutes les proportions sont prises de la taille d'une jeune fille. »

ACAJOU.

Ce bel arbre, originaire du Nouveau-Monde dont il est une des principales richesses, est bien connu de fort peu de personnes, quoiqu'il soit généralement répandu dans les arts et dans l'industrie.

Quel est le Parisien un peu à l'aise qui ne possède pas un meuble en acajou ? Mais parmi ceux dont il flatte la vanité, combien y en a-t-il qui aient quelques notions sur cet arbre ? Cette réflexion s'applique malheureusement à une foule de substances dont on se sert à chaque instant du jour et dont on ignore absolument l'origine, comme si l'ignorance des objets les plus usuels était la chose du monde la plus naturelle et la moins honteuse.

L'Acajou ne mérite cependant pas cette indifférence. Son port majestueux, ses grandes et belles feuilles, ses jolies fleurs blanchâtres disposées en longs panicules; son gros réceptacle rouge en forme de poire et duquel pend un fruit en forme de haricot, rendent assurément cet arbre très-digne de fixer l'attention.

Ses nombreux usages ajoutent encore à l'intérêt qu'il offre par son aspect. Les naturels du pays où il croit trouvent dans ce végétal : un aliment, une boisson, un médicament, une teinture, un encaustique et une glu.

L'aliment est fourni par l'amande que renferme le fruit ou *noix d'Acajou*. Pour obtenir cette amande, on fait brûler la noix en ayant soin de s'éloigner des habitations, attendu que la fumée qui en résulte cause aux poules une maladie mortelle que l'on nomme *pian*.

La boisson s'obtient en faisant fermenter le fruit de l'*Acajou à pommes* et en le soumettant à la distillation. On se procure de la sorte une espèce de liqueur très-tonique et qui n'a pas d'analogue.

Le médicament consiste en un liquide provenant de la macération dans l'eau de la pomme d'Acajou coupée en quatre. Ce liquide est très-bon, à ce qu'il parait, contre certaines obstructions de l'estomac.

La teinture est une espèce d'huile caustique que

l'on retire de la noix et qui fait au linge des marques indélébiles. Cette huile, qui est très-inflammable, produit des effets extrêmement curieux quand on la met en contact avec un corps en ignition.

L'encaustique est une transsudation que l'on obtient des entailles faites au tronc de l'Acajou; les habitants de Cayenne l'emploient pour préserver diverses substances des insectes et de l'humidité. Cette matière est également très-bonne pour vernir les meubles et les parquets.

La glu n'est autre chose que cet encaustique dissous dans une certaine quantité d'eau ; les chasseurs de petits oiseaux la mettent fréquemment en œuvre.

La noix d'Acajou rappelle une coutume assez curieuse.

> N'ayant d'autres moyens de supputer les âges,
> Dans le fond du Brésil, autrefois les sauvages,
> Tous les ans à peu près, en pliant le genou,
> Déposaient dans un tronc une noix d'acajou,
> C'est de cette façon qu'ils comptaient les années
> Qui pour eux sur la terre étaient déjà sonnées.
>
> Quand ils marquaient ainsi l'âge d'un jeune enfant,
> C'était pour la famille un bien heureux moment,
> Au milieu des transports d'une vive allégresse
> On déposait la noix. — Mais quand à la vieillesse
> De parents bien-aimés par les ans abattus.
> Il fallait ajouter un numéro de plus,
> La main, que l'on chargeait de ce pénible office,
> En tremblant s'arrêtait au bord de l'orifice !

Oh ! combien cette main eût voulu s'abstenir !
Mais, hélas ! il fallait sa brèche à l'avenir,
Et la fatale noix, juste sujet d'alarme,
Dans le tronc déjà plein tombait comme une larme.

Ces sauvages savaient l'avarice du temps,
Qui ne nous fait jamais grâce d'un seul printemps ;
Ils savaient que sa faux, sous laquelle tout tombe,
Sans cesse raccourcit le chemin de la tombe.
Mais aussi, pauvres gens ! ils ne pressentaient pas
Que tout ne finit point aux portes du trépas.
Hélas ! ils ignoraient que l'âme qui s'envole
S'en va chercher aux cieux l'épine ou l'auréole,
Et que nous devons tous nous rencontrer un jour
Aux pieds de l'Éternel dans le divin séjour.

Nous qui, plus éclairés, possédons l'avantage
De savoir qu'un Dieu bon veille sur son ouvrage,
Ne nous effrayons point des injures du temps ;
Et, joyeux, laissons-le nous emporter nos ans.
Au livre du Destin il n'est pas de mécompte.
Le temps ravit nos jours, mais c'est Dieu qui les compte.

CHAPITRE VI

Lorsque l'humanité grelottait encore dans ses langes, lorsque cette pauvre et faible humanité était exposée aux atteintes d'une foule d'animaux nuisibles contre lesquels elle ne savait comment se défendre, étant privée de ces moyens d'analyse qui, depuis, nous ont dévoilé les principes médicamenteux des végétaux, le Créateur, par une attention et une bonté suprêmes, mit pour ainsi dire au front de quelques végétaux une étiquette qui, suppléant à la jeune intelligence de l'homme, lui fournit sans peine de précieux indices.

Une des plantes chez lesquelles cette particularité est le plus manifeste, est ce végétal que l'on nomme vulgairement aux Antilles *Bois Couleuvre*, et que les botanistes appellent DRACONTE.

Les caractères botaniques du genre DRACONTE, qu appartient à la famille des *Aroïdées*, sont les suivants : fleurs nombreuses, ayant chacune un calice particulier, et renfermées dans une spathe avant leur épanouissement ; un style, un stigmate ; sept étamines à anthères quadrangulaires ; point de corolle ; pour fruit, une baie ronde contenant plusieurs graines ; une tige herbacée et des feuilles à pétiole engaînant.

Ces caractères n'ont rien de bien saillant ; mais si nous examinons une des espèces de ce genre, le DRACONTE A FEUILLES PERCÉES (*Dracontium pertusum*), celui qui mérite surtout le nom de *Bois Couleuvre*, nous y découvrirons une disposition digne de remarque : les tiges de ce végétal, qui sont grimpantes, et qui s'attachent ainsi que le lierre aux arbres environnants, sont couvertes d'écailles qui, formées par les restes des pétioles des feuilles, donnent à cette plante l'aspect d'un serpent.

L'individu qui le premier vit cette plante dut nécessairement, par une association d'idées bien naturelle, la rapprocher dans son esprit d'un reptile, et peut-être alors lui vint-il à la pensée que le suc de cette plante pouvait être bon, soit pour détruire les serpents, soit contre les morsures faites par ces animaux.

Je serais d'autant plus disposé à admettre cette opinion que ce sont les sauvages qui nous ont appris les propriétés du DRACONTE. En tous cas, peut-être arriva-t-il aux premiers hommes qui découvrirent le DRACONTE ce qui arriva au père Du Tertre, qui, ayant aperçu cette plante en parcourant les forêts de la Guadeloupe, et s'en étant approché pour l'examiner avec plus d'attention, trouva sept ou huit couleuvres mortes autour d'elle, ce qui lui donna l'idée de la faire expérimenter par son chirurgien, qui obtint avec elle

Le Bois Couleuvre (Draconte)

de merveilleux effets dans des cas de morsures de serpents venimeux.

Le Draconte a feuilles percées est très-commun

à la Guadeloupe, ce qui servirait peut-être à expliquer ce fait singulier, qu'il n'existe pas de serpents venimeux dans cette île, tandis que toutes les autres iles des Antilles en sont infestées. Le sol et le climat de tout cet archipel étant à peu près les mêmes, c'est la seule cause rationnelle que l'on en puisse donner. On pourrait bien objecter que ces animaux ont pu y être détruits par quelque événement géologique ; mais cette assertion tomberait devant une épreuve qui a été faite. L'honneur de cette épreuve revient aux Anglais, qui, avant de nous abandonner cette île, y portèrent une quantité de serpents venimeux pris à la Dominique, espérant sans doute que ces animaux continueraient éternellement contre nous la guerre implacable que nous faisait cette nation. Dieu ne permit pas que cette atrocité portât des fruits ; tous les serpents périrent au bout de quelques jours.

De ce qui précède il ne faudrait pas inférer qu'il ne peut pas exister de serpents venimeux dans les endroits où croissent des Dracontes ; hélas ! non, puisqu'on rencontre cette plante dans certaines autres parties des Antilles en même temps que des serpents extrêmement dangereux ; mais, ainsi que je le disais tout à l'heure, il est possible qu'une très-grande réunion de ces plantes éloigne ces reptiles, de même qu'ils sont attirés par certains autres végétaux, tels, par exemple, que le fenouil et le genévrier.

Le genre Draconte renferme trois autres espèces qui sont : le Draconte pinnatifide (*Dracontium po-*

lyphyllum), le Draconte épineux (*Dracontium spino-
sum*), et le Draconte pinné (*Dracontium pinnatum*).

Le Draconte pinnatifide croît principalement dans
l'Inde et le Japon, où il est désigné sous le nom de
Konjaku ; on le rencontre également aux environs
de Cayenne et de Surinam. C'est un végétal herbacé,
dont la hampe très-courte supporte de petites fleurs
jaunes qui exhalent une forte odeur de cadavre, et
sont renfermées dans une spathe violette terminée
par une pointe aiguë. La racine, qui est un tubercule
arrondi, possède des propriété s purgatives assez éner
giques.

Le Draconte épineux, ainsi nommé parce que sa
racine est entourée de tubercules munis d'épines,
croît surtout dans l'Inde et dans l'île de Ceylan ; on
retire de ses tubercules une fécule très-nourrissante
et très-estimée.

Enfin, la quatrième espèce, ou le Draconte pinnatifide, est une plante parasite que l'on rencontre sur
les arbres des environs de Caracas et dont les usages
sont peu connus.

La même analogie qui fit très-probablement découvrir les vertus du *Draconte à feuilles percées,* dut
mettre également sur les traces des propriétés de la
Vipérine ; mais dans ce végétal c'est au moyen des
graines que l'on a dû pressentir qu'il était un poison
pour les vipères, car ces graines ressemblent, en effet,
très-exactement à la tête de ces reptiles.

D'autres végétaux ont, par la forme de quelques-uns de leurs organes, indiqué l'emploi qu'on pouvait en faire. Ainsi, l'HERBE AUX PUCES, dont les graines ont la forme de ces insectes, a, selon Dioscoride, la propriété de les chasser des endroits où l'on dépose cette plante. La PULMONAIRE OFFICINALE, dont les feuilles ressemblent assez bien au tissu d'un poumon malade, est fort avantageusement employée contre certaines affections de la poitrine.

On a certainement exagéré les résultats de ce mode d'induction, et l'on a souvent eu beaucoup trop de confiance dans les propriétés de certains végétaux qui ressemblaient plus ou moins à des êtres ou à des organes sur lesquels on supposait par cela même qu'ils dussent avoir une action très-manifeste ; mais il n'en est pas moins vrai que les propriétés de beaucoup de plantes n'ont pas été différemment révélées à l'homme, et ne pas le croire serait peut être désirer se soustraire à la reconnaissance que nous devons au Créateur.

D'ailleurs, n'est-ce pas la nature qui nous a fourni les éléments des sciences, des arts et de l'industrie ? Jetons les yeux sur ce qui nous entoure et nous trouverons partout les modèles dont nous nous sommes servi, ou les indications que nous avons puisées dans ce tableau si remarquable par sa régularité, sa variété, son ordre et son harmonie.

Examinons ces vapeurs qui, le jour, s'exhalant imperceptibles de la surface de la terre, viennent se condenser à l'entrée de la nuit sur tous les corps froids, et disons s'il était bien difficile, après avoir observé cela, d'imaginer la distillation.

Pénétrons dans les entrailles de la terre où mille éléments divers réagissent continuellement les uns sur les autres pour former de nouveaux produits qui s'échappent avec fracas par ces ouvertures que l'on nomme volcans, et n'attribuons plus au mesquin génie de l'homme la première idée des opérations chimiques.

Suivons ces crocodiles qui viennent à une certaine époque de l'année se frotter jusqu'au sang sur les plantes aiguës qui avoisinent le Nil; ou bien ce chat domestique qui va paître une herbe purgative, et ne soyons plus surpris que l'homme ait osé diminuer le trop plein de son sang et de ses humeurs par des saignées et des purgations.

Il en est de même pour les arts; tous ont leur berceau dans la nature, et ce serait un curieux livre que celui dans lequel se trouverait indiquée l'origine de chacun d'eux.

C'est peut-être le vent qui, en s'engouffrant dans un tronçon de roseau, donna la première idée de la flûte, d'où découlèrent ensuite tous les instruments à vent

Quant à la peinture, il est bien évident qu'elle est née de l'observation de la nature et du besoin qu'a éprouvé 'homme de prolonger ses sensations agréables en reproduisant et fixant sur une toile ces délicieuses harmonies de couleurs et de formes que nous rencontrons à chaque pas; et s'il est un art qui ne cessera jamais d'emprunter à la nature, c'est bien celui-ci.

Que dans un tableau d'imagination un peintre soit embarrassé pour indiquer ses ombres et ses clairs, il n'a qu'à observer ce qui se passe à deux pas de son atelier, et la difficulté sera bientôt vaincue.

« J'ai ouï raconter, dit Bernardin de Saint-Pierre dans ses *Etudes de la Nature*, qu'un fameux peintre d'Italie se trouva un jour fort embarrassé pour peindre dans un tableau trois figures habillées de blanc. Il s'agissait de donner de l'effet à ces figures, vêtues uniformément, et de tirer des nuances de la couleur la plus simple et la moins composée de toutes. Il jugeait la chose impossible, lorsqu'en passant dans un marché à blé, il aperçut l'effet qu'il cherchait. C'était un groupe formé par trois meuniers, dont l'un était sous un arbre, le second dans la demi-teinte de l'ombre de cet arbre, et le troisième aux rayons du soleil; en sorte que quoiqu'ils fussent tous trois habillés de blanc, ils se détachaient fort bien les uns des autres. Il peignit donc un arbre au milieu des trois personnages de son tableau, et en éclairant l'un d'eux des rayons du soleil et couvrant les deux autres des différentes teintes de l'ombre, il trouva le moyen de donner différentes nuances à la blancheur de leurs vêtements. »

L'industrie n'est pas moins redevable à la nature que les sciences et les arts; que d'inventions sublimes ne sont tout simplement que des copies ! Je crois même qu'il n'y a d'invention que dans le sens rigoureux de ce mot, qui vient du verbe latin *invenire*, trouver.

L'homme, en effet, ne crée pas, il trouve, et peut-être sa mission ou sa condamnation ici-bas est-elle de *trouver* ce qu'il aurait eu sans peine s'il n'avait pas péché : c'est-à-dire tous les éléments d'un monde nouveau, qui, calqué sur celui que Dieu créa par sa parole, donnera peut-être un peu de bonheur terrestre à cette pauvre humanité quand elle aura racheté par le travail la faute de nos premiers pères.

Je viens de me laisser entraîner, je ne dirai pas malgré moi, mais du moins sans que j'en eusse le projet, à des considérations auxquelles on ne s'attendait peut-être pas, à propos du *Bois Couleuvre*, de la *Vipérine* et de *l'Herbe aux Puces*. Je ne le regrette pas, et je voudrais que cela fût une preuve qu'il est impossible d'étudier la nature avec un peu de soin sans arriver presque nécessairement à des conclusions religieuses, morales et philosophiques ; et puisque nous sommes sur ce terrain, je terminerai par une réflexion qui découle naturellement de ce que je viens de dire et qui ne sera pas, je crois, la moins importante.

Ainsi que nous pouvons le constater par les produits industriels que nous voyons, ou dont nous nous servons journellement, l'homme est arrivé à reproduire pour la satisfaction de ses besoins matériels une multitude d'objets calqués sur les images que nous offre la nature. Il y a loin du confortable dont nous jouissons maintenant, à la rude existence que menaient nos ancêtres, alors qu'ils regardaient la mer avec un étonnement stupide, sans pouvoir ni même vouloir traverser, alors qu'ils étaient obligés de se transporter à pied d'un lieu vers un autre; alors qu'ils couchaient dans ou sur ou sous des arbres, et qu'ils étaient vêtus de peaux de bêtes grossièrement tannées. Il y a loin des connaissances que nous avons aujourd'hui touchant l'étendue, la forme et les merveilles de notre globe, avec les notions imparfaites que possédaient nos aïeux; car l'homme a beaucoup gagné, c'est incontestable, et peut-être qu'il parviendra dans la suite des temps à réaliser ce monde délicieux qui fera de la terre un demi-paradis. Mais pour obtenir ce résultat, s'il doit jamais l'atteindre, il ne faut pas qu'il se borne à perfectionner et augmenter ses éléments de jouissances purement matérielles. Il y a dans le tableau de l'univers autre chose à prendre que des principes scientifiques, artistiques et industriels. Si Dieu nous permet d'imiter ses œuvres pour la satisfaction de nos sens, il veut aussi, n'en doutons pas, que nous les imitions sous un point de vue plus mystique, et il arrêtera l'homme dans son essor, si nous négligeons les principes de morale qui sont la clef de toutes les institutions possibles, et qui devraient toujours former l'avant-garde dans le progrès de l'humanité.

Ce n'est malheureusement pas, hélas! ce dont nous sommes témoins aujourd'hui; l'homme, entraîné par ses appétits sensuels, n'emploie son génie qu'à trouver les moyens de les assouvir, et il ne songe pas qu'en continuant de la sorte il serait indigne de jouir du fruit de ses travaux.

Eh bien ! mesdemoiselles, puisque l'homme les néglige et les oublie, c'est à vous de perfectionner ces qualités morales dont la nature nous offre aussi l'exemple. Vous aurez un jour, par le foyer de la famille, une puissante influence sur la société. Préparez-vous à user de cette influence pour ranimer les sentiments religieux et moraux que l'on dirait près à s'éteindre ; travaillez à la perfection de votre âme avec autant d'ardeur que l'homme en met à perfectionner ce qu'il appelle ses découvertes, et quand vos frères ou vos fils vous diront qu'ils ont trouvé le moyen de s'élever dans les airs, puissiez-vous leur répondre que vous avez fait plus qu'eux encore, puisque vous avez trouvé celui de vous élever presque jusqu'à Dieu !

CHAPITRE VII

L'ARBRE A PAIN. — L'ARBRE A BEURRE. — L'ARBRE A SUIF.
L'ARBRE A CIRE. — LE COUDRIER. — LES CACTIERS.

L'ARBRE A PAIN.

Il n'est certainement pas une de vous, mesdemoiselles, qui ne sache que cette substance appelée *pain*, et qui fait la base de notre alimentation, est fournie par une petite graine qui subit, avant d'être propre à faire de la pâte, une série d'opérations diverses ; et d'ici vous pouvez embrasser d'un coup d'œil les nombreux personnages, ainsi que les instruments multipliés qui mettent et sont mis en œuvre, depuis que la graine de froment est déposée dans la terre, jusqu'au moment où les grains qu'elle a produits vous sont apportés sous la forme d'un *pain*.

Si Dieu n'a pas doté certains sauvages d'une dose d'intelligence assez forte pour construire des charrues, des moulins des fours, en revanche il leur donne toute préparée cette sub tance qui nous coûte tant de peine à produire ; chez ces sauvages, le cultivateur, le meunier et le boulanger sont remplacés par un arbre.

Cet arbre, l'*Arbre à pain*, qui fait partie du genre *Artocarpe*, de la famille des artocarpées, croit dans la partie méridionale de l'Asie et dans les îles de la mer du Sud.

Les Javanais et les habitants des îles Moluques l'appellent *Rima*. Les organes principaux sont renfermés dans un calice presque charnu ; son tronc, qui le fait ranger parmi les arbres de deuxième grandeur, est couronné par une cime formée de quelques branches très-courtes, portant des feuilles grandes, mais peu nombreuses. Le fruit est une grosse baie du volume d'un melon. C'est cette baie que les sauvages mangent en guise de pain.

Quelques autres espèces du genre artocarpe ne sont pas moins intéressantes au point de vue de l'alimentation ; ce sont le *Bedo*, l'*Artocarpe à châtaignes* et le *Jaquier*.

Le *Bedo*, que l'on trouve principalement à Java aux îles Mariannes et Philippines, a pour fruit deux grosses semences pulpeuses nageant dans une substance à demi liquide et d'un goût vineux ; il offre à la fois à boire et à manger.

L'*Artocarpe à châtaignes* renferme, sous une enveloppe couverte d'aspérités très-rudes, soixante-dix ou quatre-vingts tubercules ayant le goût et la forme d'une châtaigne, mais seulement un peu plus petits.

Enfin, le *Jaquier*, dont les fruits deviennent si gros qu'un homme les soulève avec peine, a des

L'Arbre à pain.

graines presque semblables à celles de l'arbre pré-

cédent et pouvant encore fournir un mets assez
agréable.

Sans presque se donner de peine, le sauvage a donc
à sa disposition le premier élément de sa nourriture,
le pain. L'arbre dont nous allons parler maintenant
lui complète un déjeuner au moins aussi succulent
que celui de nos pauvres villageois, qui ne l'obtiennent, eux, que par un labeur excessif.

L'ARBRE A BEURRE.

Indigène de l'Amérique méridionale et répandu
maintenant dans toutes les Antilles, l'*Arbre à beurre*
se nomme scientifiquement le *Laurier avocatier*.

Son tronc, grisâtre et fendillé, se termine par une
vaste cime formée de branches nombreuses donnant
naissance, par leurs rameaux, à de grandes feuilles
ovales et pointues ; ses fleurs sont disposées en grappes,
naissant de l'aisselle des feuilles, et son fruit, qui
est environ de la grosseur d'une aubergine, contient
une substance butyreuse que l'on appelle dans le pays
beurre végétal, et dont la saveur est des plus suaves.

De même que pour la plupart des fruits exotiques,
cette saveur est loin de sembler telle à l'Européen
qui en mange pour la première fois. Je le trouvai
même si exécrable, que sans un de mes amis qui me
contraignit presque à le goûter de nouveau, je n'en
aurais jamais connu le délicieux arome, et j'aurais

eu doublement tort, car j'aurais été privé d'une très-
agréable jouissance gastronomique, et j'aurais eu de
moins dans mes souvenirs un charmant épisode que
causa mon attrait pour la *poire avocate*; c'est le nom
vulgaire, aux colonies, du fruit de l'arbre à beurre.

Voici ce petit épisode, que l'on n'aura certainement
pas autant de plaisir à lire que j'en éprouve à le
raconter :

En quittant les Antilles pour aller à Montevideo,
j'emportai de la *poire avocate* un si doux souvenir,
que cinq mois après, à mon retour à Fort de France,
mon premier soin fut de m'en procurer.

Je fis donc venir une jeune négresse à laquelle j'avais
précédemment rendu quelques légers services, et qui
s'était constituée ma pourvoyeuse.

—Léda, lui dis-je, tu vas m'aller chercher une *poire
avocate.*

La pauvre enfant ayant balbutié quelques mots que
dans mon inaptitude à comprendre la langue créole je
pris pour un redoublement de témoignages affectueux:

—Bien, bien, mon enfant, repartis-je, je te remercie;
mais va vite me chercher une *poire avocate*, j'en veux
manger une à mon dîner.

La jeune négresse partit précipitamment.

— Le soir j'ouvris mon repas avec une *poire avocate*.

Pendant les trois semaines que dura ce second
séjour, Léda m'apportait chaque après-midi mon
fruit de prédilection; je le lui payais vingt-cinq cen-

times, c'était le prix auquel elle me disait se le procurer, et quant à sa commission, elle ne voulait rien accepter autre chose que certains menus objets de minime valeur que j'avais rapportés de Cayenne et dont je lui faisais présent de temps à autre. Je me croyais donc quitte, lorsque la veille de mon départ un de mes collègues stationnant à Fort de France vint partager mon dîner. En voyant paraître ma *poire avocante :*

— Tiens! s'écria-t-il, comment avez-vous donc fait pour conserver ce fruit dans un si parfait état de fraîcheur ?

— Mais je ne l'ai point conservé, répondis-je ; ne voyez-vous pas qu'il est fraîchement cueilli?

— C'est, ma foi, vrai ; mais alors comment vous l'êtes-vous procuré? car il n'y en a pas un seul dans les environs de Fort de France ?

— Que dites-vous donc?

— Je dis que je trouve extraordinaire de voir en ce moment une *poire avocate*, attendu que la saison en est passée depuis environ deux mois.

— Très-possible, poursuivit mon collègue ; mais, quoi qu'il en soit, ou plutôt parce qu'il en est, je mangerai de ce fruit, je vous l'avoue, avec un plaisir infini.

Durant tout le repas et toute la soirée, je me demandai de quelle façon ma bonne petite négresse avait pu satisfaire ma gourmandise.

Le lendemain j'eus le mot de l'énigme. Elle avait aux environs de Saint-Pierre, c'est-à-'ire à quatre ou cinq lieues de Fort de France, un parent qui s'amusait à intervertir la maturation de certains arbres, et cette pauvre enfant faisait chaque jour ce long trajet pour contenter un de mes caprices.

J'eus toutes les peines du monde à lui faire accepter un dédommagement bien légitime ; — elle ne voulait que mon souvenir ; on conçoit qu'elle l'aura toujours !

L'ARBRE A SUIF.

Cet arbre singulier, dont un des produits pourrait au besoin remplacer la graisse animale, croit naturellement en Chine. Il fait partie du genre de plantes appelé *crotons*, appartenant à la famille des *euphorbiacées* et contenant des plantes herbacées, des arbrisseaux et des arbres.

Haut à peu près comme nos cerisiers, l'ARBRE A SUIF offre durant le cours de sa végétation deux aspects fort différents, mais aussi charmants l'un que l'autre.

Pendant l'été il est garni de belles feuilles vert tendre, d'où s'échappent de longues et gracieuses panicules de fleurs blanchâtres, auxquelles succèdent des capsules ovales, brunes, pointues, et divisées intérieurement en trois loges bivalves.

Au commencement de l'automne, ces valves s'ouvrent, tombent et laissent voir la graine que chaque loge contenait. Cette graine est arrondie d'un côté, aplatie de l'autre et couverte d'une substance très-blanche qui est le *suif végétal*. Toutes ces graines forment alors de jolies grappes qui, se détachant sur les feuilles devenues à cette époque d'un rouge très-vif, contribuent à produire le plus agréable effet.

C'est avec ce suif végétal que les Chinois font leurs chandelles. La fabrication en est très-simple : il suffit de broyer ensemble les coques et les graines, de faire bouillir dans une chaudière, d'écumer le suif qui remonte à la surface et de le couler dans des moules après l'avoir soumis de nouveau à une douce chaleur.

Afin de donner un peu plus de consistance à ces chandelles, qui ont sur les nôtres l'avantage de n'avoir coûté la mort d'aucun animal, on y mêle quelquefois un peu d'huile de lin ; et pour les rendre plus blanches on les plonge dans une espèce de cire produite par l'arbre dont nous allons maintenant nous entretenir.

L'ARBRE A CIRE.

L'ARBRE A CIRE ou CIRIER est un arbuste qui appartenait à l'ancienne famille des *amentacées* et qui se trouvait être ainsi le congénère du chêne, du bouleau, de l'orme, du peuplier, du saule, etc. On a démembré cette famille pour en former plusieurs autres, mais l'analogie de l'ARBRE A CIRE avec ces végétaux n'en reste pas moins ce qu'elle était.

On connaît plusieurs espèces de Cirier. L'une est originaire du Japon, trois du cap de Bonne-Espérance, une des Açores, une autre de la Floride, une autre de la Caroline, une autre enfin de l'Amérique septentrionale.

Les fleurs du Cirier sont disposées en *chatons* (1) lâches; ses fruits sont de petites baies charnues, vertes d'abord, et devenant gris cendré à mesure que la maturation s'achève; les feuilles sont vertes, roides, pointues, dentées en scie dans leur pourtour et criblées en dessous de petits points jaunes d'or; elles répandent quand on les froisse une odeur très-prononcée. Le tronc est grisâtre, cylindrique et rameux.

On extrait la cire des baies de cet arbre à peu près comme le suif de l'arbre précédent : c'est en faisant bouillir cette baie dans de l'eau et en écumant le produit qui surnage.

Les bougies que l'on obtient ensuite donnent une lumière agréable et répandent, quand elles brulent, un délicieux parfum ; elles ont de plus l'avantage de jeter peu de fumée.

Les produits de l'arbre à cire ont d'autres applications : l'eau dans laquelle on a fait bouillir ces baies fournit par l'évaporation un extrait qui combat victorieusement les dyssenteries les plus graves ; les feuilles mises en décoction avec de la couperose, donnent une très-bonne encre ; enfin les baies dé-

(1) On nomme *chaton* une certaine disposition de fleurs ayant un peu de ressemblance avec la queue d'un chat; cette disposition s'observe dans le chêne, le bouleau, le hêtre, le peuplier, le saule.

pouillées de leur cire produisnt une laque magnifique; il est même certaines contrées de l'Amérique
où l'on prépare avec la cire un savon qui blanchit
fort bien le linge.

Le Cirier a été introduit en Europe depuis plus
d'un siècle ; la France, l'Angleterre, la Hollande,
l'Allemagne et l'Italie en possèdent quelques pieds ;
mais soit que le climat de l'Europe lui convienne
peu, soit que l'on n'ait pas encore découvert un procédé qui lui fasse oublier totalement son pays natal,
cet arbre n'atteint chez nous que des proportions mi-
nimes et ses produits sont nuls pour le commerce et
l'économie domestique.

LE COUDRIER.

Le *Coudrier* ou *Noisetier* est un arbre très-ordi-
naire et très-commun, si on ne le considère qu'au
point de vue de sa forme et de son aspect; mais il
acquiert un intérêt tout particulier par les souvenirs
qui s'y rattachent, et surtout par le rôle qu'il jouait
autrefois entre les mains des sorciers.

Cet arbre évoque, en effet, la mémoire des poëtes
latins les plus gracieux, car ils peignent rarement
une scène aimable sans que le coudrier s'y trouve,
protégeant de ses rameaux coquets et touffus les
heureux bergers de cette heureuse époque.

Ni le peuplier, ni la vigne, ni le laurier, ni le
myrte, s'écrie Corydon, ne l'emportera sur les cou-

driers : *Nec myrtus vincet corylos, nec laurea Phœbi!*
Viens m'accompagner de ton chalumeau, dit Mé-
nalque à Mopsus, sous ce fourré d'ormes mêlés aux
coudriers : *Hic corylis mixtas inter consedimus ul-
mos.* Il y a dans ces deux vers la peinture des mœurs
de tout un demi-siècle.

A une époque plus rapprochée de nous, le *coudrier*
reçut une célébrité nouvelle par le choix que l'on fit
de ses rameaux pour cette fameuse *baguette divinatoire* qui causa tant de bruit au dix-septième siècle.
On la faisait quelquefois de pommier, de hêtre ou
d'aune ; mais le coudrier paraît avoir souvent eu la
préférence.

Cette *baguette divinatoire*, qui consistait en une
simple branche façonnée de différentes manières,
passait alors pour posséder des vertus merveilleuses.
Par elle on pouvait découvrir les trésors et les sources
cachés dans la terre, les assassins, les voleurs, etc. ;
c'était le *petit doigt* de la grand'mère ; elle disait
tout.

Dans certaines contrées de la France, les paysans
s'imaginaient que les animaux frottés de cette baguette étaient préservés de toutes les maladies. Ces
pauvres gens prouvaient assez par là qu'elle ne gué-
rissait pas la bêtise.

Le plus fameux rhabdomancien de cette époque fut
un nommé Jacques Aymar, riche paysan de Saint-
Véran, qui en 1692 découvrit, dit-on, une bande d'assassins qu'il poursuivit, sur les indications de sa ba-

guette, depuis Lyon jusqu'à Beaugency. Emerveillé de ce miracle, le prince de Condé le fit venir à Paris ; mais, hélas ! ce voyage fut funeste au paysan du Dauphiné, qui vit s'évanouir, après quelques expériences, tout le prestige dont il s'était revêtu.

Il est inutile, mesdemoiselles, de vous exposer les théories plus ou moins obscures de certains savants qui se sont très-sérieusement occupés d'expliquer scientifiquement les effets de la baguette divinatoire ; mais en revanche, terminons par un petit avis que je vous engage à ne pas oublier.

Les sorciers n'ont point disparu du globe, seulement ils ont changé de nom : on les appelle *intrigants* ; leur costume est celui de tout le monde ; les plus dangereux pour vous ont un habit à la dernière mode, un gilet magnifique, une cravate irréprochable et des gants beurre frais. Vous les rencontrerez partout, confondus avec les plus honnêtes gens, et dès qu'ils vous verront paraître, vous serez en butte à leurs atteintes. Cette espèce de sorciers ne respectant rien, souvenez-vous que vous n'avez contre eux que deux égides : Votre mère, si vous savez mettre toute votre confiance en elle, et Dieu si vous savez le prier.

LE CACTIERS.

Plus souvent appelés de leur nom latin, *Cactus*, ces végétaux offrent la double bizarrerie de se dépouiller de leurs feuilles à mesure qu'elles naissent, et d'affecter les formes les plus excentriques.

L'un représente de véritables raquettes et fournit de belles fleurs rouges ou jaunes; c'est le *Cactus opuntia*.

Un autre a la forme d'un melon à côtes saillantes, bordées d'épines disposées en rosace; c'est le *Cactus melocactus*.

Un autre a la forme de hauts candélabres; c'est le *Cactus heptagonus*.

Le *Cactus parasiticus* rampe à terre comme un serpent ou grimpe aux arbres voisins.

Le *Cactus jamacaru* est disposé en petit buisson.

Le *Cactus spinosissimus* a ses rameaux hérissés de longues épines jaunâtres.

Le *Cactus flagelliformis* est composé de longs et flexibles sarments.

Le *Cactus campechianus*, qui contraste avec ses congénères, a des feuilles persistantes en forme de semelles de souliers.

Il existe encore un très-grand nombre d'autres espèces de cactiers. Nous les possédons presque toutes dans nos serres, mais ce n'est point là qu'il faudrait les voir pour s'en faire une idée juste, car elles y sont dans un état de rabougrissement qui fait vraiment peine à celui qui les a vues dans leur pays.

C'est à Cayenne, c'est au Brésil, c'est dans la Plata qu'il faut observer ces curieux végétaux, qui forment snr les bords des routes les buissons les plus pittoresques et les plus impénétrables.

Je me rappelle avoir vu dans les environs de Buenos-Ayres des groupes de *guachos*, avec leurs riches costumes, traverser au triple galop de leurs chevaux des routes ainsi bordées, et c'était un ravissant coup d'œil : chevaux et cavaliers disparaissaient de temps en temps derrière les magnifiques fleurs des cactiers qui s'épanouissaient à l'aise, sous les rayons d'un soleil d'or cheminant dans un ciel d'azur.

Loin de chercher à faire acquérir aux *Cactus* que nous avons en France les hautes dimensions qu'ils auraient atteintes sous leur climat natal, on s'efforce, au contraire, depuis quelques années, à les réduire à leur plus simple expression. On trouve dans beaucoup de salons riches des échantillons de ces cactus dégénérés qui tiendraient dans le creux de la main ; ils y font les délices des amateurs. Singulière façon de comprendre et d'aimer la nature !

Sous le rapport économique, le plus intéressant des cactus est le *Cactus en raquette*, connu dans certaines localités sous les noms de *Figuier d'Inde* et *Figuier de Barbarie*. Les Siciliens mangent sa fleur et ses bourgeons accommodés comme des asperges. Dans la Calabre on donne ses tiges aux chèvres et aux moutons ; dans l'île Minorque elles servent à faire des sinapismes et des cataplasmes ; enfin, c'est sur ce végétal que se nourrit la *cochenille*, ce petit insecte qui fournit une si belle couleur écarlate, et que tout le monde connaît, au moins de nom.

CHAPITRE VIII

LE COCOTIER. — LE BANANIER. — LA CANNE A SUCRE.

Nous venons de voir *l'arbre à pain* et *l'arbre à beurre* fournir aux indigènes des pays où ils croissent les principaux éléments d'un repas fort délicat, sans qu'il soit besoin de prodiguer à ces arbres les soins multipliés et continus que réclament ceux de nos vergers.

Ce ne sont pas les seuls, et dans ce nouveau monde, où la nature se montre si prodigue, trois autres végétaux surtout méritent de fixer notre attention, eu égard aux produits variés qu'ils offrent à l'économie domestique.

L'un est le Cocotier, l'autre le Bananier, le troisième la Canne a sucre.

Le Cocotier, qui croît principalement dans l'Inde, au Brésil et dans les Antilles, est une espèce de palmier dont le stipe (1) majestueux, élevé d'environ

(1) On appelle stipe la tige des végétaux monocotylédons.

quarante mètres, se couronne d'un bouquet de feuilles longues de quatre à cinq mètres sur un de large. De ce bouquet s'échappent deux ou trois fois par année de longues panicules de fleurs jaunâtres auxquelles succèdent bientôt des fruits volumineux dont l'ensemble porte le nom de *régime,* et chacun d'eux celui de *coco.*

Veut-on connaitre les usages des produits de ce superbe végétal? que l'on entre dans la cahutte d'un Indien.

La couverture de cette cahutte est faite avec de larges feuilles gracieusement tressées. Ces feuilles sont celles du Cocotier. Les supports de la cahutte sont empruntés au stipe de cet arbre. Cette vaisselle brune et polie dans laquelle l'Indien prend son repas est fournie par la coque des fruits du Cocotier.

Que contient cette vaisselle? De quoi se compose ce repas.

Là, c'est une espèce de chou semblable à celui de *l'arec* (voyez chapitre vii); ici, c'est une grosse amande dont la blancheur appétissante fait venir l'eau à la bouche; là, c'est un lait d'une blancheur et d'une fraicheur extrêmes; là, ce sont d'excellentes confitures, là du vin, là du vinaigre, là de l'eau-de-vie.

D'où viennent toutes ces productions? D'un seul arbre : le Cocotier.

Pour se procurer tous ces éléments, il a fallu plus de peine que pour jouir des fruits de l'arbre à pain et de l'arbre à beurre; mais cette peine a été bien minime, ainsi que l'on va pouvoir en juger.

L'Indien a enlevé la première enveloppe du fruit. Cette enveloppe qui est épaisse et très-fibreuse se nomme *brou* et ressemble, à part la grosseur, à la substance qui recouvre les fruits de nos *noyers*. La disposition des *cocos* a d'ailleurs beaucoup d'analogie avec ceux-ci.

Sous le *brou*, l'Indien a trouvé une coque très-solide marquée inférieurement de trois trous qui contribuent à donner à cette partie du *coco* l'aspect d'une figure de singe. Il a percé l'un de ces trous, et il s'en est écoulé le lait que nous avons vu. Brisant ensuite la coque entre deux pierres, il en a retiré la volumineuse amande qui fournit, selon qu'elle est crue ou cuite, un aliment frais ou une conserve délicieuse.

Pour obtenir du vin, du vinaigre et de l'eau-de-vie, les précédés n'ont pas été plus difficiles : il a suffi de faire aux pédoncules des fleurs du Cocotier de légères incisions par lesquelles s'est échappé le vin, qui s'est transformé en vinaigre ou en eau-de-vie, selon qu'il a été exposé aux rayons du soleil ou soumis à la distillation.

Mais ne nous bornons pas à l'inspection des substances alimentaires, et avant de quitter cette pauvre cahutte, jetons les yeux sur les autres objets qu'elle renferme, et nous verrons que le Cocotier ne satisfait pas seulement aux jouissances de la table.

Ce parasol si utile pour se préserver des dangers

de l'insolation est encore fait avec les feuilles du
Cocotier. Ces vêtements, grossiers peut-être, mais
du moins suffisants, proviennent de la même source ;
ils sont fabriqués avec des filaments que l'on extrait
des feuilles. Ces voiles, ces câbles, ces cordages n'ont
pas d'autre origine. Cette étoupe si bonne pour cal-
feutrer les embarcations ou les jointures des portes
vient de la bourre qui entoure le *coco* ; l'huile qui
brûle dans cette lampe a été extraite de l'amande ;
enfin, cette liqueur noirâtre et cette espèce de parche-
min qui remplacent tant bien que mal le papier et
et l'encre sont dus, l'un à la sciure des branches, et
l'autre aux feuilles du Cocotier.

LE BANANIER.

« Le Bananier, dit Bernardin de Saint-Pierre,
aurait pu suffire seul à toutes les nécessités des premiers hommes. Il produit le plus salutaire de tous
les aliments dans ses fruits, du diamètre de la bouche
et groupés comme les doigts d'une main. Une seule
de ses grappes fait la charge d'un homme. Il présente
un magnifique parasol dans sa cime étendue et peu
élevée, et d'agréables ceintures dans ses feuilles d'un
beau vert, longues, larges et satinées. Comme elles
sont fort souples dans leur fraîcheur, les Indiens en
font toutes sortes de vases pour mettre de l'eau et des
aliments. Ils en couvrent leurs cases et ils tirent un
paquet de fil de la tige en la faisant sécher. Deux de

ces feuilles peuvent couvrir un homme de la tête aux
aux pieds, par devant et par derrière. Un jour que je
me promenais à l'Ile de France, près de la mer, parmi
des rochers marqués de caractères rouges et noirs, je
vis deux nègres qui portaient sur leurs épaules un
bambou auquel était attaché un long paquet enve-
loppé de deux feuilles de Bananier ; c'était le corps
d'un de leurs infortunés compagnons d'esclavage auquel ils allaient rendre les derniers devoirs dans ces
lieux écartés. Ainsi, le Bananier seul fournit à
l'homme de quoi le nourrir, le loger, le meubler,
l'habiller et l'ensevelir.

» Ce n'est pas tout, cette belle plante, qui ne produit son fruit dans nos serres qu'au bout de trois
années, donne le sien, sous la ligne, dans le cours
d'un an, après lequel la tige se flétrit, mais elle est
entourée d'une douzaine de rejetons de diverses gran-
deurs qui en partent successivement, de sorte qu'il y
en a en tout temps et que tous les mois il en paraît
un nouveau,

» Ce végétal, le plus utile de tous les végétaux,
présente une foule de variétés. J'ai vu à l'Ile de France
des bananiers nains et d'autres gigantesques, origi-
naires de Madagascar, dont les fruits longs et courbés
s'appellent *cornes de bœuf*. Une seule de leurs bananes suffit pour le repas d'un homme. L'espèce
commune est onctueuse, sucrée, farineuse, et offre
une saveur mélangée de celle de la poire bon-chrétien
et de la pomme de reinette. Elle est de la consistance

du beurre frais en hiver, de sorte qu'il n'est pas besoin de dents pour y mordre, et qu'elle convient également aux enfants du premier âge et aux vieillards
édentés. Elle ne porte point de semences apparentes
ni de placenta (1), comme si la nature avait voulu en
ôter tout qui ce pourrait apporter le plus léger obstacle à l'aliment de l'homme. C'est de toutes les fruc-
tifications que je connais la seule qui jouisse de cette
prérogative ; elle en a encore quelques-unes non
moins rares, c'est que, quoiqu'elle ne soit revêtue que
d'une peau, elle n'est jamais attaquée, avant sa maturité parfaite, par les insectes et par les oiseaux, et
qu'en cueillant son régime un peu auparavant, il
mûrit très-bien dans la maison et se conserve un mois
dans toute sa bonté. »

Les variétés du Bananier, dont parle Bernardin
de Saint-Pierre, ont été réduites à deux principales
qui sont : le Bananier a gros fruit et le Bananier
des sages.

Le Bananier a gros fruit, nommé aussi *Bananier
du paradis, Figuier d'Adam, Plantanier,* et en latin
Musa Paradisiaca, croît spontanément en Afrique et
dans les Indes. Sa hauteur est d'environ quatre à
cinq mètres. Les fleurs, qui sont jaunâtres, sont pro-
tégées par une grande bractée (2) rouge brun. Les

(1) On nomme ainsi la partie intérieure du fruit où sont attachées
les graines.

(2) On désigne sous le nom de bractées de petites feuilles qui en-
touraient les fleurs avant leur épanouissement, et qui diffèrent des
autres feuilles par leur couleur, leur forme, etc.

fruits sont triangulaires, longs de douze à quinze centimètres; leur chair est épaisse et farineuse. Les feuilles, qui ont de deux mètres à deux mètres et demi de long sur quarante à cinquante centimètres de large, forment une espèce de panache au sommet du stipe; leur nombre dépasse rarement neuf ou dix.

Le Bananier a gros fruit est, dans l'île de Madère, l'objet d'une très-profonde vénération, attendu qu'on y suppose que cet arbre est celui de la *science du bien et du mal*, qui, selon les livres sacrés, causa la chute de nos premiers pères.

Ailleurs, on pense que ce fut sous le Bananier a gros fruit qu'Adam et Ève se refugièrent après leur faute, et que ce furent ses feuilles qui leur servirent à voiler leur nudité.

Dans la Grèce moderne, on prétend que si quelqu'un touche aux fruits de cet arbre avant qu'ils soient mûrs, la cime s'abaisse brusquement d'elle-même et le frappe mortellement.

Enfin, les Espagnols et les Portugais, qui, en fait de superstition, ne le cèdent à aucun peuple, ne coupent jamais une banane avec un instrument tranchant, dans la crainte de profaner ainsi la croix que l'on remarque en coupant ce fruit transversalement.

Le Bananier des sages ou Bananier figuier, et en latin *Musa sapientium*, est à peu près semblable au précédent quant à son stipe, à ses feuilles et à ses fleurs, mais il en diffère beaucoup par son fruit, qui est une fois moins long et dont la chair est bien plus délicate.

Ce fruit se nomme *Bacove* ou *Figue banane ;* c'est lui qu'on recherche pour la table des riches.

Le nom de BANANIER DES SAGES a été donné à cet arbre, parce que, dit-on, les anciens philosophes de l'Inde passaient leur existence à s'entretenir sous son ombrage et se nourrissaient presque exclusivement de son fruit.

Quelle que soit son espèce, le produit du BANANIER se mange apprêté de cent manières : cru, cuit, rôti ou en ragoût. On en fait aussi de délicieuses conserves.

On en extrait une excellente liqueur connue sous le nom de *vin de bananes* et une fécule avec laquelle on fabrique une sorte de pain fort agréable, quoique un peu lourd.

Les Mogols préparent avec des bananes et du riz un mets qui leur plaît beaucoup.

Aux îles Maldives on mêle les bananes à une foule de substances, à la viande et même au poisson.

LA CANNE A SUCRE.

La CANNE A SUCRE appartient, avec le froment, l'orge, l'avoine, le seigle, l'ivraie, le maïs, etc., à la famille des *graminées*, famille fort intéressante sous une foule de rapports, et qui montre avec quelle prévoyante sollicitude le Créateur a non-seulement distribué les végétaux sur la surface de la terre, mais encore façonné ces végétaux, afin que l'homme ne pût pas être subitement privé de ceux qui lui sont le plus utiles.

Bernardin de Saint-Pierre a écrit à ce sujet des pages charmantes, dont nous allons extraire quelques passages :

« Nous remarquerons d'abord, dit-il, que le blé, qui sert à la subsistance du genre humain, n'est pas produit par des végétaux d'une grande taille, mais par de simples *graminées*. Le principal soutien de la vie humaine est porté par des herbes, et exposé à la merci des vents. Il y a apparence que si nous avions été chargés de la sûreté de nos récoltes, nous n'aurions pas manqué de les placer sur de grands arbres ; mais en cela comme dans tout le reste, il faut admirer la prévoyance divine et nous méfier de la nôtre. Si nos moissons étaient portées par les forêts, lorsque celles-ci sont détruites par la guerre, ou incendiées par notre imprudence, ou renversées par les vents, ou ravagées par les inondations, il faudrait des siècles pour les voir renaître dans un pays. De plus, les fruits des arbres sont bien plus sujets à couler que les semences des graminées. Les graminées portent leurs fleurs en épi, surmontées souvent de petites barbes, qui ne défendent pas leurs semences des oiseaux, comme le disait Cicéron, mais qui sont comme autant de petits toits qui les mettent à l'abri des eaux du ciel..... De plus

par la souplesse de leurs tiges fortifiées de nœuds de
distance en distance, et par leurs feuilles filiformes et
apillacées, elles échappent à la violence des vents.

Le Cocotier, le Bananier, la Canne à sucre.

Leur faiblesse leur est plus utile que la force ne l'est
aux grands arbres. Semblables aux petites fortunes,

elles sont ressemées et multipliées par les mêmes
tempêtes qui dévastent les grandes forêts. Elles résis-
tent encore aux sécheresses par la longueur de leurs
racines, qui vont chercher bien loin l'humidité sous
la terre ; et quoiqu'elles n'aient que des feuilles étroites,
elles en portent un si grand nombre, qu'elles couvrent
de leurs plantes multipliées la surface de la terre. A
la moindre pluie, vous les voyez toutes se redresser
en l'air comme si c'étaient autant de griffes. Elles ré-
sistent aux incendies mêmes qui font périr tant d'arbres dans les forêts. J'ai vu des pays où on met chaque
année le feu aux herbes, dans le temps de la séche-
resse, se recouvrir, dès qu'il pleut, de la plus belle
verdure. Quoique ce feu soit si actif qu'il fait périr
souvent les arbres qui se trouvent dans son voisinage,
les racines des arbres n'en sont point offensées. Elles
ont de plus la faculté de se reproduire de trois manières : par des rejetons qui poussent à leurs pieds
par des trainasses qu'elles étendent au loin, et par
des graines très-volatiles ou indigestibles, que les
vents et les animaux dispersent de tous côtés. La plupart des arbres, au contraire, ne se régénèrent naturellement que par leurs semences. Ajoutez aux
avantages généraux des graminées une variété étonnante de caractères dans leurs floraisons et leurs
attitudes. qui les rend plus propres que les végétaux
de toute autre classe à croître dans toutes sortes de
sites.

C'est dans cette famille, si j'ose dire cosmopolite,

que la nature a placé le principal aliment de l'homme; car les blés, dont tant de peuples subsistent, ne son^t que des espèces de graminées. Il n'y a point de terre où il ne puisse croître quelque espèce de blé. Homère, qui avait si bien étudié la nature, caractérise souvent chaque pays par le végétal qui lui est propre. Il vante une île pour ses raisins, une autre pour ses oliviers, une autre pour ses lauriers, une autre pour ses palmiers; mais il ne donne qu'à la terre l'épithète générale de *Zeidora*, ou porte-blé. En effet, la nature en a formé pour croître dans tous les sites, depuis la ligne jusqu'aux bords de la mer Glaciale. Il y en a pour les lieux humides des pays chauds, comme le riz de l'Asie, qui vient en abondance dans les vases du Gange. Il y en a pour les lieux marécageux des pays froids, comme une espèce de *folle avoine* qui croît naturellement sur les bords des fleuves de l'Amérique septentrionale, et dont plusieurs nations sauvages font chaque année d'abondantes récoltes. D'autres blés réussissent à merveille sur les terres chaudes et sèches, comme le millet et le panic en Afrique, et le maïs au Brésil. Dans nos climats, le froment se plante dans les terres fortes, le seigle dans les sables, le sarrazin sur les coteaux pluvieux, l'avoine dans les plaines humides, l'orge dans les rochers... Le blé suffit à tous les besoins de l'homme. Avec sa paille, il peut se loger, se couvrir, se chauffer, et nourrir ses brebis, ses vaches et son cheval avec son grain, il fait des aliments et des boissons de toutes sortes de saveurs. Les peuples du Nord en brassent de la bière et en tirent des eaux-de-vie plus fortes que celle du vin ; telles sont celles de Dantzick. Les Chinois font avec le riz un vin aussi agréable que les meilleurs vins d'Espagne. Les Brésiliens préparent avec le maïs leur ouicou. Enfin, avec l'avoine torréfiée, on peut faire des crèmes qui ont le parfum de la vanille..... Je présume de là qu'ayant fait en général de la substance farineuse la base de la vie humaine, elle l'a répandue dans tous les sites, sur diverses espèces de graminées ; qu'ensuite, voulant y ajouter des modifications relatives à quelques humeurs de notre tempérament, ou à quelque influence de la saison ou du climat, elle en a fait d'autres combinaisons, qu'elle a placées dans les plantes légumineuses, comme les poids et les fèves, que les Romains comprenaient au rang des blés ; qu'enfin elle en a formé d'une autre sorte, qu'elle a mises dans les fruits des arbres, comme les châtaignes, ou dans les racines, comme les patates et les pommes de terre. Ces convenances de substance avec chaque climat sont si certaines, que par tous pays le fruit qui y est le plus commun est le meilleur et le plus sain. »

Ces dernières lignes peuvent suggérer une objection qu'il n'est pas utile de discuter :

Si, comme l'avance Bernardin de Saint-Pierre, le fruit le plus convenable aux habitants d'un pays est celui que la terre y produit en plus grande abondance et avec le plus de facilités, il en résulte logiquement que ce fruit doit fort peu convenir aux habitants des contrées où le sol se montre rebelle à la culture de l'arbre qui le donne; et en appliquant cette observation à la Canne a sucre nous serons conduits à conclure que l'importation des produits de cette plante est funeste aux Européens, et qu'il faut rejeter au plus vite l'usage de cette manne délicieuse, qui est devenue presque un objet de première nécessité ; ou bien nous devrons reconnaître que le grand philosophe a commis une erreur quand il a cru trouver des rapports de convenance entre les végétaux d'un pays et le tempérament des individus qui l'habitent.

Cette objection a trop d'importance, tant au point de vue scientifique qu'au point de vue religieux, pour que nous ne tentions pas de la résoudre : mais avant de le faire, étudions un peu la Canne à sucre et son intéressant produit ; nous serons ensuite beaucoup mieux à même de nous prononcer.

La Canne a sucre est une sorte de roseau dont le chaume (1), élevé de deux à trois mètres, et ayant environ douze centimètres de circonférence à sa base, est rempli d'une espèce de moelle très-succulente. Ce chaume est divisé en deux parties : l'une, inférieure, est coupée de distance en distance par des renflements ou *nœuds,* d'où partent de larges feuilles qui tombent à mesure que la plante mûrit : cette partie se nomme *canne sucrée ;* la seconde, qui n'est autre chose que le sommet de la plante, est appelée *tête de canne ;* elle

______

(1) On appelle *chaume* la tige des graminées.

est couronnée d'un bouquet de feuilles, qui ne tombe que lorsqu'on le coupe, et qui, mis en terre, produit une nouvelle plante.

La CANNE A SUCRE est connue de plusieurs peuples depuis fort longtemps. Mais jadis sa culture n'était pas aussi répandue qu'elle l'est de nos jours : elle se bornait à quelques points du globe, et ce n'est qu'au bout d'un fort long espace de temps qu'elle a pris son essor pour aller enrichir une foule de contrées diffé-rentes.

Comme d'habitude, les auteurs sont peu d'accord sur le chemin qu'a suivi la canne à sucre.

Les uns soutiennent qu'elle est originaire, là où d'autres prétendent qu'elle a été portée, et *vice versa*.

Au milieu de ces opinions diverses, nous nous en rapporterons à M. Thiébaud de Berneaud, qui nous a souvent paru mériter toute confiance.

Voici ce qu'il en dit :

« Plante vivace aussi utile qu'elle est intéressante, que l'on cultive dans l'Inde, aux îles de l'Afrique, en amérique, et plus particulièrement aux Antilles, où l'on dit qu'elle fut portée lors de la découverte, au quinzième siècle, du second hémisphère oublié depuis des siècles. Je ne partage point ce sentiment ; tout me prouve qu'elle y a été trouvée spontanée, et même employée, aussi bien qu'aux îles Madère et des Canaries. Il est également hors de doute, à mes yeux, que Théophraste, et les naturalistes venus après lui, connaissaient cette précieuse graminée, ou du moins ils savaient qu'elle donnait une liqueur éminemment sucrée, qu'ils appelaient *miel de roseau* ; mais ils estimaient à tort qu'elle se cristallisait naturellement sur la plante. A une époque très-ancienne, elle passa des terres légères et profondes que baigne le Gange sur les bords du Nil, dans l'Arabie, où elle s'est conservée longtemps, et dans les parties les plus chaudes de l'Afrique. Elle remonta aux côtes de la Phénicie, se répandit lentement et presque sans bruit dans les îles de l'Archipel grec, en Chypre et à Candie, à Rhodes, sur les côtes de la Morée, où elle abondait encore en 1300, au rapport de Bongues, et dans l'île de Malte, dont le sucre était reconnu pour le plus dur, mais aussi le moins blanc. Un siècle auparavant, selon le géographe de Nubie, il y avait des cannes à sucre aux environs d'Achmim ; leur culture était aussi à la même époque très-florissante en Sicile, principalement dans les délicieuses campagnes d'Enna ; en 1242, elle formait une branche importante de commerce ; les belles plantations qui couvraient alors les riches vallées de Massara, de Noto, les environs d'Avola et de Mellili, y sont encore représentées aujourd'hui par quelques champs où la canne à sucre prospère de la manière la plus heureuse, mais plus par curiosité qu'utilement.

» De cette île, autrefois la contrée de l'Europe la plus célèbre par sa fertilité, par l'immense variété de ses excellents produits, la Cannamelle officinale fut portée dans la Calabre, où d'anciennes descriptions de ce pays très-peu connu, même des géographes, m'ont indiqué plusieurs villages qui fournissaient au commerce de fortes quantités de sucre bien cristallisé. A la fin du treizième siècle elle vint en France, où elle fut cultivée d'abord par engouement, puis abandonnée ; cependant au commencement du siècle suivant, et même en 1333 et 1353, il y eut des actes authentiques parlant du sucre recueilli et raffiné qui, de nos régions du midi, remontait vers le nord ; et, au dire de Beaujeu, écrivain du seizième siècle, cette culture demeura en plein rapport dans nos départements riverains de la Méditerranée, surtout depuis les dernières bouches du Rhône jusqu'à Hyères, et s'y conserva jusqu'en l'année 1551. Ses grands succès aux Antilles, où elle donne des résultats meilleurs, plus certains et plus abondants, mirent un terme à son exploitation en France. •

C'est en effet des Antilles que nous viennent la plus grande partie des sucres que nous consommons. Mais quand il nous arrive, le sucre n'a point cette blancheur et ce brillant qu'il possède lorsqu'il paraît sur nos tables. L'Amérique nous le fournit à l'état brut, et c'est en France qu'il acquiert ces qualités par une opération connue sous le nom de *raffinage*.

Mais prenons cette substance à son origine.

Huit ou dix jours après que les *têtes de cannes* ont été mises dans la terre, où on les place horizontalement, il part de chaque nœud un petit bourgeon qui ressemble à peu près à une asperge et qui se divise en deux feuilles au bout de peu de jours.

Peu à peu la plante s'accroît ; une pousse nouvelle s'ajoute à la première, de nouvelles feuilles se produisent et tombent, ainsi que nous l'avons dit, dans toute la partie désignée sous le nom de *canne sucrée*. Enfin au bout de cinq ou six mois un long panicule de fleurs blanchâtres et comme argentées parait au sommet de la tige et annonce que la plante a atteint sa maturité.

On coupe alors le chaume, qui est blanchâtre, jaunâtre ou violet, selon les espèces, et on le comprime entre deux cylindres.

Cette première opération fournit une liqueur visqueuse appelée *vin de canne*, lequel vin de canne bouilli avec un mélange de cendre et de chaux se divise en deux parties ; l'une, qui reste liquide, est la *mélasse*, de laquelle on extrait le *taffia*, l'autre, qui se coagule, est la *moscouade* que l'on fait fondre plusieurs fois dans l'eau afin de la purifier, et qui donne enfin la *cassonade*, état sous lequel le sucre arrive en Europe.

Beaucoup de sucre se consomme sous cette forme ; le reste est livré aux raffineurs, qui le font bouillir avec du sang de bœuf et le coulent ensuite dans des cônes d'argile où l'on achève de le blanchir en le faisant traverser par une ou plusieurs couches d'eau qui le débarrassent des impuretés qu'il contient.

Le sucre est employé de mille façons.

Il forme la base de la confiserie ; la pâtisserie en fait un usage incessant ; l'art culinaire lui doit une précieuse ressource ; la pharmacie allopathique est heureuse de l'avoir pour masquer le goût désagréable d'une foule de ses préparations ; enfin la chirurgie l'emploie avec avantage pour donner du ton à certains ulcères. Mais le sucre nous est-il absolument nécessaire ? disons plus : son usage est-il dangereux, ainsi que l'ont avancé quelques personnes ? Enfin cette substance qui croît si loin de nous est-elle véritablement convenable à notre tempérament ?

Ceci nous ramène à l'objection que nous nous sommes posée, et que nous résoudrons par l'affirmative.

Oui, sans aucun doute, le sucre convient parfaitement à nos organes, et son usage ne peut être qu'avantageux, à moins que l'on n'en abuse. Pris avec modération, il stimule agréablement les glandes salivaires et facilite par conséquent la digestion ; dissous dans de l'eau rendue aigrelette par quelques gouttes de jus de citron, il fournit une excellente limonade. Associé à une foule de substances, il leur communique une saveur délicieuse ; enfin, pris à jeun et en petite quantité, soit sous forme de sucre raffiné, soit, ce qui vaut mieux encore, dans sa cristallisation naturelle que l'on appelle communément *sucre candi*, il est fort bon contre les aigreurs de l'estomac.

Bernardin de Saint-Pierre a donc eu tort en écrivant les lignes que nous avons citées ? Non, Bernardin de Saint-Pierre n'a pas eu tort : Dieu a réellement placé dans chaque plante des qualités qui conviennent aux tempéraments des individus qui vivent dans les lieux où croissent ces plantes ; et pour ne parler que du sucre, il a si bien voulu que nous en fissions usage, qu'il l'a placé dans un nombre infini de végétaux différents. Le raisin, l'abricot, la pêche, la poire, etc., etc., fourniraient, si l'on voulait l'extraire, une énorme quantité de sucre ; il y en a dans toutes les fleurs, même dans les plus vénéneuses ; il y en a dans beaucoup de racines ; il y en a dans certaines feuilles.

Une autre objection s'élève ici tout naturellement : puisque le sucre est si répandu dans les plantes, ce qui tend à prouver qu'il est presque indispensable à notre alimentation, pourquoi la canne à sucre, qui le fournit si abondamment et si commodément, ne peut-elle pas s'acclimater en France?

On pourrait répondre à cette objection que nous n'avons pas besoin de la *canne à sucre*, puisque nous avons la betterave ; on pourrait dire encore qu'il n'est pas certain que la cannamelle ne puisse pas prospérer chez nous, attendu qu'il est permis de douter de la sagacité de ceux qui ont essayé d'en doter notre pays; mais ce seraient deux manières de tourner l'objection, et si nous l'avons fait naître, ce n'est probablement pas pour l'éluder.

Pourquoi donc? Le voici:

Dieu, sans aucun doute, a prévu que les hommes qui formaient autrefois une seule famille, et qui doivent très-certainement un jour revenir en cet état, se trouveraient séparés les uns des autres par ces cataclysmes que la pauvre humanité a dû souvent se préparer sans le savoir, et qui ont suffi pour briser durant de longs siècles les relations anciennement établies.

Il a prévu encore que les hommes, naturellement paresseux, seraient demeurés chacun dans leur pays s'ils y avaient rencontré tous les éléments d'une confortable existence.

Or, pour éviter cette séparation des peuples, qui est fort loin de ses vues, il a doté chaque partie du globe de certaines richesses qui, ne se trouvant pas ailleurs et convenant à tous les hommes, devaient engager ceux-ci à établir entre eux de fréquents rapports et à se ménager réciproquement.

C'est ce qui arrive.

De tous les points du globe partent à chaque instant des chariots et des navires qui vont porter les productions de chaque peuple à des peuples plus ou moins éloignés, et recueillir en échange des denrées ou des objets de luxe dont telle ou telle nation conserve le monopole.

Les châles du Thibet et les diamants du Pérou viennent s'échanger contre les produits de notre industrie.

La Russie nous envoie ses fourrures ; et nous lui envoyons nos objets d'art.

L'Amérique nous apporte son coton, son café, son sucre, etc., pour se procurer nos vins.

De tous côtés, en un mot, c'est un échange perpétuel qui établit entre les hommes des relations non interrompues.

Mais ces rapports commerciaux, basés sur l'avidité du bien-être matériel, sont-ils en définitive l'unique but que l'humanité doit atteindre ici-bas ?

Oh ! non certes ; et si la vie de l'homme pris individuellement paraît se résumer en ces trois mots : naître, vivre et mourir, l'humanité dont nous sommes tous une imperceptible portion a bien évidemment une autre fin.

Le bonheur parfait n'est sans doute pas de ce monde, mais aussi le malheur qui, sous différentes formes, plane incessamment aujourd'hui sur chacun de nous, doit sans contredit nous laisser un jour un peu plus de relâche. Et cela sera, quand toutes les fractions de lumières disséminées maintenant entre les différents peuples se seront réunies pour ne former qu'un seul flambeau. Au moyen de cette vaste synthèse de toutes les aspirations humaines, on ne confondra plus le juste avec l'injuste, le faux avec le vrai, le mal avec le bien ; la vérité pour l'un sera la vérité pour tous, et elle se traduira par une même formule, comme notre adoration pour Dieu par une même prière.

Or, pour arriver à cet état où la vie intellectuelle dominera enfin la vie animale, il n'y a rien d'aussi puissant peut-être que ces rapports d'intérêts que Dieu nous a si habilement ménagés.

Voyez ce navire qui vient de contrées lointaines,

civilisées ou sauvages. Ses longs flancs contiennent des denrées délicieuses ou d'admirables étoffes que nous ne pouvons pas encore produire, et le voilà envahi déjà par des nuées de spéculateurs poussés seulement par un instinct : l'appât du lucre. Mais après que les marchandises sont débarquées et les transactions accomplies, des hommes moins positifs interrogent les gens de l'équipage : ils leur font raconter ce qu'ils savent touchant les lois, les mœurs et la religion des pays qu'ils ont parcourus ; peut-être même se trouve-t-il sur ce navire des indigènes de ces pays sur lesquels ils sont heureux de donner tous les renseignements qu'on leur demande. Ils interrogent à leur tour, on les satisfait, et chacun emporte de son côté quelques idées qui, mûries par la réflexion et l'étude, contribueront à produire le résultat que je mentionnais tout à l'heure.

Et alors n'ayant plus besoin que des appétits grossiers les stimulent pour que les peuples continuent entre eux des relations amicales et intellectuelles, peut-être Dieu permettra-t-il que nous trouvions le moyen d'avoir à notre portée ce que nous sommes obligés maintenant d'aller chercher si loin. Peut-être pourrons-nous, ne fût-ce que par curiosité, cueillir dans nos jardins le café de l'Éthiopie et la canne à sucre des Antilles, et nous les faire servir dans de la porcelaine de Chine instantanément fabriquée sous nos yeux.

CHAPITRE XI

Les personnes qui ont le goût des fleurs et qui s'amusent à en cultiver quelques-unes, savent tout le plaisir que l'on éprouve à suivre pas à pas, pour ainsi dire, les évolutions de ces êtres intéressants qui ne présentent jamais le lendemain un aspect entièrement identique à celui qu'ils avaient la veille.

Quoi de plus attachant, en effet, que ces métamorphoses que l'on opère en collaboration avec la nature?

C'étaient de toutes petites graines que l'on avait naguère ; on a mis ces graines dans un peu de terre que l'on a eu soin d'arroser chaque jour, et bientôt de petits corps verdâtres sont venus paraître à la surface.

On a redoublé de soins, et ces corps verdâtres sont devenus des tiges d'où sont sortis successivement : des rameaux, des fleurs, des boutons, des fruits, et enfin des graines semblables à celles que l'on avait mise en terre ; et tout cela avec autant de variété dans les détails que l'on avait de plantes, car jamais la nature ne se reproduit exactement, même dans les végétaux d'une même espèce.

Mais ce n'est point aux évolutions végétales que se bornent les plus curieuses métamorphoses qui se passent dans les plantes ou dans certaines de leurs parties.

Lorsque la nature a accompli sa tâche, l'art et l'industrie commencent la leur, et ces graines, ces fruits, ces fleurs, ces feuilles, ces tiges et ces racines, qui se sont continuellement modifiés durant leur existence, acquièrent de nouvelles formes sous lesquelles il est souvent impossible de les recounaître.

Parmi les végétaux dont les transformations sont les plus nombreuses, l'un des plus remarquables est le LIN USUEL, petite plante qui croît naturellement dans plusieurs contrées de l'Europe, et dont voici les caractères botaniques : jolies petites fleurs bleues formant de gracieux corymbes à l'extrémité des tiges; un pistil ; cinq étamines ; corolle à cinq pétales ovales et arrondis ; calice à cinq sépales oblongs et pointus. Le fruit est une capsule à dix loges, s'ouvrant par autant de valves, et contenant de petites graines brunâtres et huileuses ; la racine est annuelle ; la tige, qui s'élève de quarante à cinquante centimètres, est unie, cylindrique et ramifiée à son sommet ; les feuilles sont éparses, ovales, pointues et présentent à leur face inférieure trois nervures longitudinales très-saillantes.

Cette plante est connue depuis fort longtemps ; elle était cultivée chez les Scandinaves.

Pour décrire d'une façon complète toutes les formes qu'une tige de LIN est susceptible de revêtir, ainsi que les usages qu'elle remplit sous chacune de ces formes, il faudrait considérablement reculer les limites de cet ouvrage, car cette plante se retrouve presque en tous lieux, soit sous un aspect, soit sous un autre.

Je vais néanmoins en donner un aperçu qui suffira, je l'espère ; et pour que cet aperçu soit plus saisissant et plus bref, je dramatiserai l'histoire de ce précieux végétal qui fait vivre des millions d'individus.

I

Nous sommes dans une fertile contrée, soit du Midi, soit du Nord, car le LIN se cultive sous différentes latitudes.

Le soleil d'avril dore de ses premiers rayons une terre grasse, à laquelle des paysans donnent une dernière façon.

Trois autres ont eu lieu déjà :

L'une au mois de juillet précédent, aussitôt la récolte enlevée ; c'était le premier labour, que l'on a fait suivre immédiatement du *hersage*, opération qui consiste à traîner sur le sol, afin de briser les grosses mottes et d'enlever les herbes, un grand instrument ayant la forme d'un gril et armé de longues pointes de fer à sa partie inférieure,

Le second labour a eu lieu vers la fin du mois de

septembre ; il a eu pour effet de déraciner les herbes nouvelles.

Le troisième, ou *relevage des sillons,* s'est opéré dans le mois de novembre.

Le quatrième, enfin, qui s'effectue dans ce moment, a pour objet de mêler à la terre un *engrais* qui doit augmenter ses éléments nutritifs.

Pendant qu'une partie des paysans achève cette dernière façon, d'autres, arrivant derrière eux, jettent des poignées de *graine de lin* sur le sol, autrement dit, font les *semailles.*

II

Quatre mois se sont écoulés, et à la place où les graines ont été jetées, nous trouvons maintenant de gracieuses petites plantes, dont les unes, élevées d'environ soixante centimètres, sont le *lin d'été* ou le *petit lin,* et dont les autres, qui dépassent celles-ci d'à peu près un tiers, constituent le *lin d'hiver* ou le *gros lin.*

Ces plantes ont une teinte jaunâtre, et leurs sommets chargés de graines, sont inclinés vers le sol ; mais six semaines avant, leurs tiges, du plus beau vert, supportaient de charmantes fleurs bleues qui, sous la moindre haleine de vent, ondulaient en flots d'azur.

De jeunes paysannes arrachent ces plantes et en

font de petits paquets; c'est ce que l'on nomme le
cueillage de lin.

III

Nous voici près d'un étang ou d'une mare; les
eaux en sont rougeâtres, et l'on aperçoit à leur surface quelques tiges mal submergées ; ce sont les tiges
du lin dont on a enlevé les graines et que l'on fait
ainsi croupir ou *rouir*, pour nous servir de l'expression
technique, afin de détacher les filaments de l'écorce.

Mais hâtons-nous de nous éloigner, car durant ce
rouissage il s'échappe des eaux où il s'opère des éma-
nations qui peuvent causer des fièvres dangereuses.

IV

Un bruit étrange frappe nos oreilles; il part de la
cour d'une ferme et est produit par des lames de fer
qui s'entre-choquent. A ce bruit se mêlent les chants
et les rires de jeunes villageoises qui procèdent au
battage du lin. L'instrument dont elles se servent à
cet effet est composé de trois lames de fer dont deux,
immobiles, sont placée horizontalement à quelques
centimètres l'une de l'autre et soutenues par deux
pieux enfoncés dans le sol, tandis que la troisième,
mobile sur une charnière, est élevée et abaissée alter-
nativement entre les deux autres. On place entre ces
lames plusieurs brins de lin que l'on a mis sécher après

le rouissage ; on fait jouer l'instrument ; l'écorce du lin se détache, et il en résulte une matière textile assez grossière encore, mais qui offre déjà un peu de ce soyeux et de cette souplesse qu'elle doit bientôt acquérir.

V

Le lin a quitté les lieux où se sont accomplies les transformations précédentes et nous le retrouvons dans les mains des *filassiers* dont le travail consiste à achever celui des *batteuses*, c'est-à-dire à enlever complétement les fragments d'écorce qui sont mêlés aux touffes de lin.

Cela s'exécute en passant ces touffes à différentes reprises entre des peignes de fer qui ressemblent à de petites herses. Cette opération donne deux produits : le *lin à filer* et *l'étoupe,* dont les destinations sont très-différentes, ainsi que nous le verrons tout à l'heure.

VI

Les longues soirées d'hiver sont arrivées ; des paysannes, groupées autour d'une chandelle de résine qui répand une clarté douteuse, écoutent le récit d'une bonne grand'mère, ou devisent entre elles sur les petits événements qui forment la chronique du village, ou chantent sur une *air connu* la pénible misère de ce vieux Juif, errant de ville en ville, avec sa longue barbe, son tablier de cuir, son grand bâton et ses inépuisables cinq sous.

Cependant les doigts ne sont pas inactifs : de petits outils nommés *fuseaux* tournent avec une rapidité merveilleuse au bout de la main droite de chaque villageoise, dont l'épaule gauche est surmontée d'une petite canne en roseau nommée *quenouille*. A l'extrémité supérieure de cette quenouille est une *poupée de lin* retenue par un beau ruban ; un fil ténu qui s'échappe de la poupée, va s'enrouler sur le fuseau. Celui-ci vire, vire, vire, la poupée diminue, diminue, diminue ; la langue aussi marche, marche, marche ; mais qu'importe ! à la fin de la veillée la quenouille est souvent vide, et chaque villageoise, emportant son fuseau, va rêver à l'objet qu'elle a l'intention de s'a·cheter avec le produit de ses soirées d'hiver.

Tout le lin ne se file pas ainsi : depuis l'invention des machines, les doigts des villageoises ont été remplacés par des instruments de fer qui transformont le lin en *fil* avec la rapidité de l'éclair. Hélas ! pauvres villageoises, bientôt leurs fuseaux complétement immobiles ne leur fourniront plus le moyen d'acheter ces innocentes superfluités qui leur faisaient virer le fuseau de si bon cœur !

Adieu les boucles d'argent qui brillaient avec tant d'éclat sur leurs souliers des dimanches ! — Adieu les jolies bagues qu'elles mettaient avec tant de plaisir à ces doigts qui les avaient gagnées ! — Adieu la belle croix d'or, objet d'une si longue convoitise et qu'elles étaient si heureuses de suspendre à leur cou, après l'avoir fait bénir par le bon curé du hameau !

VII

Ici nous laisserons une lacune, car ce serait le lieu de reproduire les procédés que l'on emploie pour fabri-uer les différents tissus de fil et ce serait sortir du cadre que nous nous sommes tracé.

VIII

La lacune que nous venons de laisser va nous plonger dans un profond embarras pour retrouver ces petits fils que nous avons vus sortir d'une graine jetée dans la terre. Les changements que la fabrication leur a fait subir ont été si complets, et les destinations qu'ils ont reçues si diverses, que c'est à grand'peine que nous pourrons les reconnaître. Toutefois ne nous décourageons pas et prenons seulement la peine de jeter les yeux sur le tableau qui se présente.

— Tenez, voyez-vous cette jeune fille qui se rend au saint lieu pour y faire sa première communion ? Eh bien, c'est au lin qu'elle doit le voile de batiste qui couvre son front ingénu.

— Apercevez-vous cette belle mariée qui monte si

gaiement les degrés de la mairie? C'est avec le lin qu'on a fabriqué la magnifique écharpe de dentelle qui couvre ses épaules.

Est-ce le seul objet dont elle sera redevable à cette plante précieuse? Oh! non, sans doute, et pour ne citer que ceci, ne trouvera-t-elle pas dans l'armoire garnie par les soins d'une mère attentive, des draps, des nappes, des serviettes, des mouchoirs de toile, des bas de fil blanc, etc., etc.? Que sont tous ces tissus? du lin.

—Remarquez-vous ce beau dandy qui promène avec tant de satisfaction son exquise toilette? Demandez-lui quel est le végétal dont est tissé son pantalon de blanc coutil et son jabot de valenciennes; il vous répondra que c'est le lin... s'il le sait.

— Distinguez-vous là-bas au milieu de la foule, cet acrobate qui danse sur la corde raide, et plus loin ce pêcheur qui va jeter ses filets à la mer? Avec quoi sont faits ceux-ci et celle-là? Encore avec le lin. Mais ici gardons-nous de confondre: ce n'est pas avec le *lin filé* que les *peigneurs* ont retiré de la substance fournie par les *batteuses*; non, mais bien avec l'autre produit que nous avons vu surgir, c'est-à-dire avec *l'étoupe*, qui, des mains des *filassiers* ou *peigneurs*, est passée dans celles des *cordiers*.

Il nous serait facile de prolonger cette énumération; mais il vaut mieux que nous retournions à cet humble village où nous avons vu de jeunes villageoises virer si bien leurs fuseaux.

— Pourquoi faire? Pour les remercier de contribuer de la sorte à nos besoins et à nos caprices?

— Elles le mériteraient, sans doute ; mais ce n'est pas précisément pour cela.

— Pourquoi donc ?

— Pour y retrouver ce lin qu'elles ont filé.

— Sous forme de vêtements?

— Oh! non, ce déplacement serait inutile, car on se figure aisément que les fils partis d'un village peuvent très-bien, au bout de quelques semaines, revenir dans ce même village augmenter le trousseau de celles qui les ont vendus.

— Sous quel aspect allons-nous donc les revoir ?

—Sous un aspect tout nouveau ; mais disons d'abord qu'il n'est point absolument nécessaire de revenir, pour cela, sur nos pas, et dans ce moment même je touche de fort près à la substance sous l'apparence de laquelle le lin va nous apparaître; mais puisque j'ai le choix du lieu, je choisis le village où nous avons déjà séjourné.

IX

— Le facteur vient d'apporter une lettre ; — cette lettre est d'un bon fils qui, après avoir passé quatre ou cinq ans sous les drapeaux, annonce à sa vieille mère et à ses sœurs chéries qu'un congé illimité va, dans quelques jours, le rendre à leurs caresses. Dans la joie qu'ils éprouvent, ces braves gens bénissent le bon Dieu, qui leur permet de revoir leur fils et frère

deux ou trois ans plutôt; ils bénissent son colonel
qui, pour cet événement heureux, a servi d'instrument

à la Providence; ils bénissent la poste, ils bénissent le
facteur, enfin, ils bénissent tout, à l'exception d'une
chose qui cependant aurait bien quelques droits à leurs

bénédictions, mais qu'ils oublient, les pauvres gens, parce qu'ils ne savent pas ce qu'ils lui doivent.

Cette chose est le lin ; oui, la substance dont on a fabriqué le papier de la lettre que ces braves gens relisent avec tant d'émotion, cette substance est encore le lin. Qui sait même ! peut-être est-ce une partie de celui qui fut filé dans la chaumière où règne actuellement une si vive allégresse !

En admettant cette hypothèse très-admissible, et en y joignant quelques autres suppositions tout aussi vraisemblables, exposons brièvement les métamorphoses et les destinations diverses auxquelles ces brins de fil ont été soumis.

En sortant des fuseaux de la mère ou des sœurs de notre jeune militaire, ils ont été portés chez un teinturier, qui leur a donné une couleur grise, puis envoyés dans une fabrique, où ils ont été convertis en une étoffe très-solide. Cette étoffe, expédiée à Paris, a été achetée par une dame qui s'en est fait faire une robe de jardin. Au bout de peu de jours la dame a donné cette robe à sa femme de chambre, qui l'a mise quelque temps; et qui, à son tour, en a fait présent à la cuisinière. La cuisinière, après s'en être servie tout le reste de la belle saison, l'a portée chez une revendeuse à la toilette, où une femme pauvre est venue l'acheter au printemps de l'année suivante pour en confectionner des blouses à ses petits enfants. Ces blouses ont été salies, lavées, déchirées, raccommodées, resalies, relavées redéchirées, etc., etc. ;

puis quand elles ont été usées jusqu'à la corde, on en
a recueilli les lambeaux pour essuyer les meubles ; ces
lambeaux ont été longtemps en contact avec toutes
sortes de malpropretés ; enfin, réduits à l'état de gue-
nilles, ils ont été jetés par la fenêtre.

Ces pauvres fils de lin qui ont déjà contribué à
faire vivre le cultivateur, la cueilleuse, la batteuse,
la fileuse, le peigneur, le teinturier, le tisserand, le
marchand de nouveautés, la couturière, la blanchis-
seuse et la revendeuse à la toilette, ces pauvres fils,
dis-je, sont devenus bien dégoûtants ; mais un chiffon-
nier les ayant ramassés, les a vendus dans une fabrique où l'on transforme le linge en papier, et nous le
retrouvons enfin dans la lettre que ces bons paysans
couvrent de baisers et de larmes.

X

Nous avons laissé de côté, jusqu'à présent, la graine
qui a été recueillie avant que les pieds de lin fussent
mis au *rouissage*. Pour la retrouver arrêtons-nous à
l'un des coins de rue d'une petite ville où le gaz n'est
pas encore établi.

Cet allumeur de réverbères qui vient accomplir sa
tâche va nous montrer ce qu'une partie de cette
graine est devenue.

Le voyez-vous sortir de sa boîte en fer blanc une
burette contenant un liquide onctueux ? Eh bien, ce
liquide onctueux provient de la graine de lin qui,

pressée entre deux cylindres, a fourni une huile excellente pour l'éclairage.

Mais toute la graine que l'on ne réserve pas pour les semailles ne sert point à fabriquer de l'huile; une partie de cette graine reçoit une autre destination.

Pour la connaître, entrons dans ce lieu de souffrance où la misère moribonde reçoit gratis les soins empressés de la science en même temps que de douces consolations, prodiguées par de pieuses femmes dont l'abnégation et le dévouement sont au-dessus de tout éloge.

De pauvres malades ont besoin qu'une partie de leur corps soit constamment en contact avec une vapeur chaude ; qui leur procurera ce bienfait, indispensable souvent à leur guérison? On a deviné ou l'on sait que c'est la graine de lin qui, réduite en farine, sert à préparer une espèce de bouillie nommée *cataplasme*, dont l'application sur la partie malade triomphe parfois très-rapidement des douleurs les plus aiguës.

Quel contraste entre ces graines et les tiges qui les ont portées !

Tandis que les unes sont destinées à courir le monde où, passant de main en main, elles sont successivement manipulées, teintes, vendues, prêtées, volées, transformées, etc., les autres, avant de retourner dans la poussière, ne doivent qu'accomplir, loin de la foule, un des plus grands bienfaits que l'on puisse rendre: le soulagement de l'humanité.

De celles-ci ou de celles-là, lesquelles ont la meilleure part?

CHAPITRE X

Plantes enchanteresses.

L'ACONIT. — LE CHANVRE.
LA JUSQUIAME — LA BELLADONE. — LA MANDRAGORE.
LA STRAMOINE

On désignait autrefois sous le nom de PLANTES ENCHANTERESSES plusieurs plantes, auxquelles on avai reconnu la propriété de produire sur l'homme des effets extraordinaires, et même de déterminer la mort, quand elles étaient administrées à doses suffisantes.

On les nomme aujourd'hui communément *plantes vénéneuses*, mais la médecine, après avoir étudié leurs effets, en a tiré des inductions précieuses, qui l'ont conduite à trouver dans ces plantes des médicaments fort utiles contre différentes espèces de maladies.

Beaucoup de plantes mériteraient d'être rangées sous ce titre, mais ne voulant faire ici qu'une étude historique, nous nous bornerons à parler de l'ACONIT, du Chanvre, de la Jusquiame, de la Belladone, de la Mandragore et de la Stramoine, qui furent principalement employées dans l'art des enchantements ou dans la perpétration du crime, et qui nous serviront à expliquer certaines traditions, dont le fond, parfaitement véritable, a presque entièrement disparu sous la draperie capricieuse de la fiction mythologique.

Mais avant tout, donnons les caractères de ces plantes, car si leur prestige s'est évanoui devant la science, elles n'en ont pas moins conservé leurs propriétés délétères, et il est très-important de les connaître, afin de pouvoir les éviter.

L'ACONIT.

L'*Aconit* est un genre de plantes appartenant à la famille des renonculacées, et dont on connaît de vingt-huit à trente espèces, répandues sur différents points du globe.

Ses fleurs bleues ou jaunes sont disposées, soit en épis, soit en panicules ; le calice est en forme de casque ou de capuchon ; la corolle est à pétales irréguliers ; les étamines sont fort nombreuses ; les pistils au nombre de trois ou cinq ; la racine est noirâtre en dehors, blanche intérieurement, et ressemble pour la forme au navet ou à la rave ; la tige, qui est cylindrique, s'élève de soixante centimètres à un mètre ; les feuilles sont alternes, munies d'un pétiole (1), et

(1) Le *pétiole* est ce que l'on nomme vulgairement la *qacue de la feuille*.

répandent une forte odeur herbacée ; leur saveur est âcre et caustique.

On trouve ces plantes sur la crête des montagn et dans les lieux humides.

LE CHANVRE.

Le *Chanvre,* dont la tige sert à faire des tissus des cordages, après avoir été soumise à des opéra tions semblables ou à peu près à celles que subit le lin (Voyez chap. XIe), le chanvre a pour caractères botaniques les suivants : fleurs verdâtres ; les unes *germinifères*, les autres *polliniques ;* les premières, qui naissent dans l'aisselle des feuilles supérieures, sont composées de deux pistils, et d'un calice terminé par une pointe fendue en deux lanières ; les secondes, qui sont en grappes, sont composées de cinq pistils renfermés dans un calice à cinq sépales ; le fruit est une petite coque bivalve contenant une graine blanche ; la tige, qui s'élève de un à deux mètres, est cylindrique et rugueuse ; les feuilles sont alternes, et offrent cinq digitations rudes e velues.

Le Chanvre appartient à la famille des *urticées,* dont le figuier fait aussi partie.

On le cultive dans plusieurs de nos départements.

LA JUSQUIAME.

La *Jusquiame* appartient à la famille des *solanées;* elle a un pistil et cinq étamines ; sa corolle est jaune avec des veines purpurines, elle a cinq lobes ; son calice a cinq divisions ; son fruit a la forme d'une petite boîte à savonnette, et contient plusieurs petites graines, semblables pour l'aspect à des haricots ; sa tige est haute de soixante à soixante-dix centimètres, velue et recourbée à sa partie supérieure ; ses feuilles sont molles, cotonneuses et visqueuses.

Cette plante, qui croît sur les vieux murs et dans les lieux arides, exhale une odeur fétide.

LA BELLADONE.

La *Belladone* est de la même famille que la plante précédente, et elle en est digne à tous égards, car leurs propriétés se ressemblent beaucoup. Elle a des fleurs rouge brun solitaires et infléchies vers le sol ; un pistil jeaunâtre, cinq étamines, une corolle en forme de gobelet, un calice à cinq dents. Son fruit est une baie qui, verte d'abord, devient rouge, puis noire. Assez semblable à une cerise, quand elle est rouge, les enfants s'y méprennent et s'exposent de la sorte aux accidents les plus graves ; sa tige est herbacée et haute de un mètre à un mètre cinquante centimètres ; ses feuilles sont larges et ternes.

L'odeur de cette plante et sa teinte sombre ne sont pas moins significatives que celle de la Jusquiame ; on la rencontre, comme celle-ci, dans les endroits humides et ombragés.

Elle croît également sur les montagnes à côté de l'Aconit.

LA MANDRAGORE.

La *Mandragore* appartient également à la famille des solanées.

Vulgairement connue sous le nom d'*herbe de Circé*, nous verrons pourquoi tout à l'heure, cette plante a des fleurs rosées ou violettes ; un pistil, cinq étamines, une baie dans le genre de celle de la Belladone, mais jaunâtre ; une racine très-épaisse, pas de tige et de larges feuilles étalées sur le sol.

Son odeur vireuse est encore plus caractéristique que celle des plantes précédentes ; elle est aussi beaucoup plus vénéneuse.

Elle habite les bois sombres et les endroits marécageux.

LA STRAMOINE.

La *Stramoine, pomme épineuse*, fait encore partie des solanées.

Ses fleurs blanches ou violettes ont des pédoncules fort courts et naissent dans l'aisselle des ramaux; elles sont composées d'un pistil, de cinq étamines, d'une corolle à cinq divisions plissées longitudinalement, et d'un calice à cinq arêtes fort prononcées, se terminant par des dents aiguës; le fruit qui succède à ces plantes est une capsule armée de pointes rudes; la tige est creuse, blanche, velue, et s'élève à plus d'un mètre; les feuilles sont anguleuses et piquantes.

La Stramoine habite les mêmes lieux que les plantes précédentes.

Avant d'aller plus loin et pour réhabiliter un peu cette pauvre famille des solanées qui compte dans son sein des êtres si funestes, j'aurais bien envie de parler d'une plante qui, depuis que Gaspard Bauhin l'a fait connaître, rend chaque jour de si éminents services, aux malheureux surtout, et qui trois fois a sauvé la France de la famine : j'ai nommé la *Pomme de terre*. Mais ce serait sortir de notre sujet; il me suffit de l'avoir mentionnée.

Fouillons maintenant l'histoire, et voyons le rôle que ces plantes y ont joué.

« Nous abordons dans l'île d'Éa, dit Ulysse : là règne une divinité puissante et redoutable, à la brillante chevelure, à la voix pleine de mélodie; elle est sœur d'Aète, au génie malfaisant.

» Je m'arrête sur une hauteur, d'où se découvre à mes yeux un vaste horizon. Je crois voir dans le lointain une fumée qui sort du sein de la terre, à travers les buissons et les bois qui enveloppent le palais de Circé.

» A cette vue, je balance irrésolu... Je rassemble mes compagnons. O mes amis, leur dis-je, ô vous qui avez partagé mes longues infortunes, d'autres malheurs nous menacent encore! De cette hauteur où je suis monté, je n'ai vu qu'une île et une mer immense; l'île semble se perdre dans les ondes... Mes compagnons sont saisis de terreur... Moi, je suis mes desseins, je partage ma troupe en deux moitiés...

» Vingt soldats marchent avec Euryloque... Ils partent!...

» Dans un large vallon ils trouvent le palais de Circé, superbe édifice où le marbre brille partout. Autour sont des loups, des lions, que la déesse a métamorphosés par des charmes puissants; leur regard n'est point menaçant. Ils s'approchent; ils se dressent sur leurs pieds, et de leurs longues queues ils flattent mes compagnons.

» Euryloque et sa troupe, tremblants, demi-morts de frayeur, s'arrêtent aux portes du palais. Ils entendent une voix céleste, les chants les plus harmonieux, et le sifflement de la navette qui court entre les filets d'une toile sans fin.

» Politès, un de mes principaux guerriers, celui qui m'est le plus cher : O mes amis! s'écrie-t-il, j'entends une voix divine, j'entends le bruit d'une navette qui vole sur la toile..... Ou femme ou déesse, appelons. Tous poussent un cri. La nymphe paraît et les invite à entrer. Les imprudents la suivent : Euryloque seul refuse de les accompagner. La déesse les fait asseoir, et, de lait, de farine, de miel et de vin, elle leur compose un breuvage dans lequel elle mêle des sucs mystérieux qui font oublier la patrie. Elle leur présente la coupe empoisonnée, ils boivent. Soudain, elle les frappe d'une baguette et les renferme sous une voûte obscure. Ils ont du pourceau la tête et le corps, et la voix et les soies; mais le sentiment leur reste.Ils pleurent,ils crient.Circé leur jette des glands, des noix, des fruits de cornouillier; enfin, tout ce que mangent les animaux dont ils ont revêtu la forme.

Telle est la fiction dont se sert le poëte pour raconter le malheureux sort des compagnons d'Ulysse. Mais au travers de cette fiction, il est aisé de découvrir la réalité.

Personne n'a songé à révoquer en doute le sujet du récit d'Homère. Il est incontestable qu'une femme du nom de Circé habitait une île où elle ajoutait par ses enchantements au malheur des infortunés qu'une tempête jetait dans son empire. Mais Circé n'était ni déesse, ni sorcière, ni magicienne; c'était tout simplement une femme qui avait découvert ou à qui l'on avait révélé les propriétés de certaines plantes, et qui s'en servait d'une façon barbare.

Parmi ces plantes figuraient celles que nous venons de décrire, et particulièrement la *mondragore*, que nous avons dit être appelée vulgairement *herbe de Circé*.

Ces plantes ont en effet la propriété singulière, quand elles sont préparées et administrées d'une certaine façon, de faire croire à celui qui les a ingérées qu'il a revêtu la forme d'un animal.

Ces propriétés étaient connues des Latins, ainsi qu'en témoigne ce passage de Virgile :

« Ces herbes, ces poisons choisis par moi dans le Pont, je les tiens de Mœris ; elles abondent dans la contrée. Souvent j'en fais usage pour me changer en loup. »

Les Plantes enchanteresses paraissent avoir joué un très-grand rôle dans la conquête de la Toison-d'Or.

Ce fut Médée qui les remit à Jason, pour endormir le monstre qui faisait sentinelle auprès de cette toison précieuse.

Cette Médée était sœur de Circé et fille d'Hécate, reine de Colchos, la plus célèbre empoisonneuse des temps passés.

« La femme d'Aète, Hécate, dit Diodore de Sicile, était fort savante dans la composition des poisons, et ce fut elle qui trouva l'Aconit. Elle éprouvait la force de chacun d'eux en les mettant dans des viandes qu'elle servait aux étrangers. Ayant acquis une grande expérience dans cet acte funeste, elle empoisonna d'abord son père et s'empara du royaume ; ensuite elle fit construire un temple en l'honneur de Diane, et elle ordonna qu'on sacrifierait à cette déesse tous les étrangers qui aborderaient dans ses États. »

Une découverte qui, depuis quelques années surtout,
jouit d'une grande vogue, celle de la teinture des
cheveux, paraît devoir être due à Médée, qui se servait pour cela de plantes merveilleuses.

Voici, selon Diodore de Sicile, le parti qu'elle tira
de ces plantes dans l'expédition des Argonautes :

« Tandis que les amis de Jason hésitaient sur le
parti à prendre, Médée leur offrit de faire mourir le
roi par adresse, et de leur livrer ensuite le palais,
sans qu'ils fussent obligés de s'exposer à aucun dan-
ger. Lorsque, étonnés de sa proposition, ils voulurent
savoir son dessein, elle leur dit qu'elle avait sur elle
plusieurs poisons inventés par Hécate, sa mère, ou par
Circé, sa sœur, et dont les effets étaient infaillibles...

» Elle leur enseigna ensuite la manière dont ils devaient venir attaquer le roi, et elle convint que le
signal, pendant le jour, serait de la fumée, et pendant
la nuit, du feu qu'elle placerait au haut du palais,
afin que ceux des Argonautes qui seraient en sentinelle près de la mer fussent avertis dans un instant.
Elle prépara donc une statue creuse qui représentait
Diane, et dans laquelle elle cacha toute sorte de poisons. S'étant frotté les cheveux avec de certaines
drogues, elle les fit paraître blancs, et elle se rendit
le visage et tout le corps si ridés, que ceux qui la
voyaient l'auraient véritablement prise pour une
vieille.

» Elle entra dans la ville à la pointe du jour, portant avec elle cette statue de Diane, qu'elle avait ha-

billée d'une manière propre à inspirer de la terreur...
Elle se fit introduire dans le palais du roi, et sut per-
suader à Pélias et à ses filles, que Diane ayant parcouru différents pays sur la terre, sur un char tiré
par des dragons volants, avait choisi le plus pieux de
tous les monarques pour s'établir chez lui et pour y
être honorée d'un culte éternel. Elle ajouta qu'elle
avait reçu ordre de la déesse d'ôter la vieillesse à
Pélias par la force de ses remèdes; qu'ainsi elle allait
lui renouveler tout le corps, et lui procurer une vie
aussi heureuse que longue.

» Ce discours ayant extrêmement surpris le roi,
Médée lui annonça qu'elle allait en faire l'expérience
sur elle-même, pourvu qu'une de ses filles lui allât
chercher de l'eau claire et pure. Cet ordre ayant été
exécuté, elle se retira dans une chambre à part. Là,
s'étant lavé tout le corps, elle détruisit entièrement
l'effet des drogues dont elle s'était frottée. Ayant donc
recouvré son premier état et s'étant montrée au roi,
elle le frappa d'admiration et d'étonnement, ainsi que
tous ceux qui la virent, et personne ne douta que ce
ne fût par un miracle visible que, malgré l'âge qu'elle
avait paru avoir, elle eût repris ainsi toute la fleur et
tout le brillant de la jeunesse. Ensuite elle fit apparaître en l'air, par la vertu de ses compositions, des
figures de dragons, qui, disait-elle, avaient apporté
des pays hyperboréens la déesse jusque chez le roi
Pélias. Toutes les actions de Médée paraissant ainsi
fort au-dessus des forces humaines, Pélias lui rendit

de grands honneurs, et ajouta foi à tous ses discours...

» La nuit venue, et Pélias s'étant endormi, Médée persuada à ses filles qu'il fallait, pour le rajeunir, faire bouillir le corps de leur père dans une chaudière. Quoique les filles du roi se disposassent déjà à faire ainsi, Médée voulut néanmoins confirmer leur crédulité par une seconde expérience. Il y avait dans la maison un vieux bélier ; elle leur dit qu'après qu'elle l'aurait fait cuire, il deviendrait un jeune agneau. Ces filles ayant consenti à cette épreuve, Médée coupa le bélier par morceaux et le fit cuire. Leur ayant ensuite fasciné les yeux par d'autres secrets, elle tira de la chaudière la figure trompeuse d'un agneau. Ce prodige les remplit d'étonnement, et elles n'hésitèrent plus de se fier à la promesse qu'on leur avait faite. Elles firent mourir Pélias sous leurs coups... Mais Médée différa de couper et de faire bouillir le corps, sous prétexte qu'il fallait d'abord invoquer la lune. Aussitôt elle fit monter les filles de Pélias, avec des flambeaux, sur le plus haut toit du palais, et elle se mit à réciter en langue colchique une longue prière, pour donner aux Argonautes le temps de venir exécuter leur entreprise. Les Argonautes qui étaient en sentinelle ayant aperçu le feu, comprirent que le roi était mort, et coururent tous ensemble vers la ville. Ils franchirent aussitôt les murs du palais, l'épée à la main, et ils tuèrent la garde qui voulait leur résister. Jason s'empara du trône, et maria les filles de Pélias à ses compagnons. »

CHAPITRE XI

Dans un précédent chapitre nous avons examiné,
ces mouvements curieux que les feuilles et les fleurs
de certaines plantes exécutent, soit par contrainte,
sous l'influence d'un corps étranger, soit d'elles-
mêmes, pour se livrer aux douceurs du sommeil.

Pour faire suite à ce que nous avons dit à ce sujet,
nous allons aujourd'hui passer en revue d'autres
mouvements, peut-être plus extraordinaires, mais
dépendant d'une cause, ou plutôt ayant un but tout
différent.

Ce but, je vais l'expliquer tout de suite, afin que
l'on puisse suivre avec plus d'intérêt les mouvements
merveilleux, et je dirai presque intelligents, que l'on
observe dans quelques végétaux.

Nous avons dit dans notre Avant-propos qu'une
fleur renferme plusieurs organes, dont les plus impor-
tants sont le *pistil* et les *étamines* ; et que chacun de

ces deux organes se compose de trois parties qui sont, pour le PISTIL : l'*ovaire*, le *style* et le *stigmate ;* et pour l'ÉTAMINE : le *filet*, l'*anthère* et le *pollen*.

Ajoutons à cela que le *pistil* contient dans sa partie inférieure ou *ovaire* de petits corpuscules excessivement ténus que l'on appelle les *ovules*, et qui, en se développant, deviendront des graines, tandis que l'ovaire deviendra le *fruit*.

Mais pour que ce développement s'opère, il faut absolument que cette petite poussière ordinairement jaunâtre que contient l'*anthère* de l'étamine, et que l'on nomme le *pollen*, arrive sur le *stigmate* du pistil, et vienne, en traversant le *style*, se combiner avec les *ovules*. Autrement, pas de fruits, et par conséquent pas de graines, et par conséquent encore, pas de plantes ni de fleurs pour les années suivantes, ce qui bientôt aménèrait la fin du monde, attendu qu'il nous serait impossible de vivre si les végétaux disparaissaient tout à coup de notre sol.

Puisque l'existence du monde est soumise à la combinaison du *pollen* de l'anthère avec les *ovules* du pistil, combinaison que j'appelle les *usages naturels des plantes*, il faut donc que ces organes se trouvent toujours dans des conditions telles que cette combinaison s'opère avec facilité. C'est ce qui a lieu dans beaucoup de plantes ; mais il en est d'autres qui présentent au contraire les plus grands obstacles à l'opération dont il s'agit, et c'est afin de surmonter ces obstacles que nous voyons certaines plantes exécuter ces mouvements merveilleux que nous allons examiner dans quelques-unes.

La première plante qui se présente à mon esprit est la Vallisnérie spirale (*Vallisneria spiralis*), que beaucoup de poëtes ont chantée et qui croît au fond de plusieurs rivières et fleuves de l'ancien et du nouveau monde.

Ce curieux végétal, que l'on trouve en France, principalement dans le Rhône et dans la Saône, est composé de longues feuilles rubanées, d'où partent de longs pédoncules roulés en spirales comme des élastiques de bretelles, et supportant les *fleurs graminifères*. Les *fleurs polliniques*, au contraire, sont *sessiles*, c'est-à-dire sans pédoncules et attachées très-près du collet de la racine.

Pendant dix mois de l'année, la *Vallisnérie* reste presque entièrement cachée sous les eaux. Mais au moment où doit s'opérer la combinaison du *pollen* et des *ovules*, il se passe un phénomène vraiment incroyable au premier abord, mais attesté par une foule de savants, et que vous pourrez, mesdemoiselles, observer vous-mêmes, ainsi que tous ceux dont je vais vous entretenir, s'il vous arrive de parcourir les sites où croissent les plantes qui les présentent.

Du reste, on pressent qu'il doit arriver quelque chose de particulier pour que la combinaison du *pollen* et des *ovules* puisse avoir lieu dans la Vallisnerie; car si la plante ne changeait pas de position, l'eau dans laquelle elle est submergée s'oppo

serait évidemment au phénomène qui doit s'accomplir.

La Vallisnérie.

Or, voici ce qui se passe :
Les spirales qui supportent les fleurs *germinifères*
se déroulent, et ces fleurs viennent s'étaler à la sur-

face de l'eau. Mais cela ne suffirait pas; loin de là, puisque les fleurs *germinifères* se trouvent ainsi beaucoup plus éloignées des fleurs *polliniques*, qui, je l'ai dit, sont dépourvues de pédoncules. Il faut cependant qu'à tout prix ces dernières fleurs aillent rejoindre les premières, et c'est ce qu'elles font en se détachant brusquement de la tige qui les supporte pour venir, au prix de leur existence, obéir au vœu de la nature.

Le phénomène achevé, les spirales des fleurs *germinifères* se resserrent aussitôt pour ramener celles-ci dans le lit du fleuve, tandis que les fleurs *polliniques*, dont la mission est terminée, flottent au gré des vents loin du berceau de leur naissance.

Pour peu que vous ayez fait quelques promenades sur l'eau, vous aurez dû vous apercevoir qu'une foule de végétaux existent submergés dans cet élément. Si donc il en était de tous ces végétaux comme de la *Valisneria spiralis*, nos fleuves, nos rivières, nos étangs et nos marais seraient, à certaines époques de l'année, couverts d'une prodigieuse quantité de pauvres petites fleurs que le destin condamnerait à périr pour assurer la perpétuation de leurs espèces. Heureusement pour elles, la nature n'est point à bout de ressources, et elle n'exige point de toutes un aussi grand sacrifice. D'ailleurs, si ce sacrifice est possible à la *Vallisnérie*, qui ne se prive que de ses fleurs stériles et qui conserve celles qui contiennent le germe d'un nouveau végétal, il serait impraticable pour des plantes dont toutes les fleurs sont fertiles, ou autrement dit dont le pistil et les étamines sont réunis dans la même corolle.

Ainsi, par exemple, la RENONCULE AQUATIQUE est dans ce dernier cas. Cette petite plante, qui croît dans les marais de quelques-uns de nos départements, et dont les feuilles arrondies et fines forment au fond de l'eau de si jolis gazons, émaillés de fleurs blanches à fond doré, a ses étamines et ses pistils contenus dans a même fleur. On conçoit dès lors que si cette fleur se détachait de sa tige, elle mourrait bientôt faute des aliments que cette tige lui apporte, et que, dans ce cas, l'espèce en serait promptement perdue.

Pour y obvier, la nature accomplit une autre merveille.

Au moment où doit s'opérer la combinaison du *pollen* et des *ovules*, il s'élève du centre de la fleur une petite bulle d'air qui, écartant l'eau de ses parois, permet au *pollen* de suivre sa route mystérieuse.

Chez les plantes terrestres, le phénomène qui nous occupe offre des particularités non moins intéressantes.

Vous connaissez probablement, mesdemoiselles, cette petite plante que l'on nomme vulgairement *Casse-pierre*, ou *Perce-muraille*, et en botanique PARIÉTAIRE. Elle croît dans les fentes des vieux murs, le long des haies, sur les décombres, et est très-facil à reconnaître à ses fleurs verdâtres groupées le long des tiges et dans l'aisselle des feuilles supérieures ; à ses tiges vert rougeâtre, hautes de trente-cinq à quarante centimètres, herbacées, cylindriques et légèrement pubescentes ; enfin à ses feuilles ovales aiguës, mates en dessus et luisantes en dessous.

Vous aurez bien des fois passé devant cette petite plante sans y prendre garde, car elle ne présente rien d'attrayant à l'œil, et il n'y a guère que les herboristes qui la recueillent pour la fournir à la médecine, qui l'emploie contre certaines maladies des voies digestives.

Mais s'il vous arrive à présent de la rencontrer, ce qui ne sera point difficile, attendu qu'elle est fort commune, arrêtez-vous un instant devant elle, et prenez la peine de toucher avec la pointe d'une épingle une de ses quatre étamines, dont les filets sont repliés sous les pétales du calice ; ou, si vous aimez mieux, écartez simplement ces pétales, et vous verrez aussitôt les filets des étamines se redresser avec force, et les anthères, brisant leurs deux loges, répandre sur la fleur un léger nuage de *pollen* qui couvrira le stigmate du pistil.

Ce phénomène, que vous aurez ainsi contribué à opérer, est celui qui se manifeste naturellement à l'heure où doit avoir lieu, dans la *Pariétaire*, la combinaison du pollen avec les ovules.

Le même fait peut se remarquer dans le Kalmia latifolia, très-gracieuse plante d'ornement dont les blanches corolles, en forme de coupe, forment des corymbes si coquets à l'extrémité des rameaux, et dont les étamines sont logées dans une cannelure des pétales.

Des mouvements de natures diverses, mais tout aussi curieux, s'observent dans une foule d'autres plantes.

Ainsi, dans la PARNASSIE DES MARAIS, jolie plante à fleurs blanches ornées d'aigrettes d'or, à tiges droites et à feuilles radicales, les cinq étamines quittent spontanément leur place et se rapprochent successivement du pistil, sur lequel elles répandent leur pollen.

Dans la RUE DES MONTAGNES, les étamines se redressent brusquement vers le stigmate et se renversent en dehors quand leur mission est accomplie.

Dans les SAXIFRAGES, c'est deux à deux que les étamines se rapprochent du pistil.

Dans les BLUMENBACHIA, le MURIER BLANC et quelques autres végétaux, elles arrivent plusieurs ensemble.

Dans le TABAC, elles viennent toutes à la fois.

Dans la CAPUCINE, le phénomène continue pendant huit jours de suite.

Dans quelques autres plantes, les étamines, au lieu d'entrer en mouvement, restent immobiles, et c'est le pistil qui vient à leur rencontre.

Cette particularité s'observe :

Dans la NIGELLE CULTIVÉE (*Nigellia sativa*), plante originaire de l'Égypte et de la Barbarie, et que l'on cultive dans les jardins à cause de ses coquettes pe-

tites fleurs en étoile, d'un beau blanc, quelquefois
lavé de bleu. Comme dans cette plante les pistils
sont plus longs que les étamines, ce sont eux qui
s'inclinent pour se mettre en contact avec les anthères.

La même chose a lieu sans doute aussi dans toutes
les plantes dont les étamines sont plus courtes que
les pistils, à moins pourtant que la fleur entière ne
soit inclinée vers le sol, habituellement ou momentanément, car alors la poussière pollinique tombe de
son propre poids sur le stigmate.

L'Épilobe a épi présente le même phénomène que
la *Nigelle*.

Dans la Passiflore, Passionnaire ou Fleur de la
Passion, les étamines, quoique plus longues que les
pistils, ont encore un rôle passif, et les pistils sont
obligés de se redresser pour venir à leur rencontre.

Les *usages naturels des plantes*, but de tous ces
mouvements extraordinaires qui feraient presque,
à l'exemple de Thalès, supposer une âme immortelle
aux végétaux, nécessitent quelquefois le concours
d'éléments ou d'êtres étrangers, et la scène alors n'en
devient que plus étonnante.

Cette circonstance a lieu quand le pistil et les étamines de végétaux de même espèce croissent éloignés
les uns des autres sur des pieds différents : comme
dans les dattiers, les pistachiers et plusieurs autres
végétaux que l'on nomme pour cela *dioïques*, c'est-
à-dire vivant dans des lieux séparés.

Le plus souvent c'est le zéphyr qui se charge d'aller porter au stigmate le pollen qu'il a recueilli sur les anthères, et que l'on voit passer dans l'espace sous forme d'un nuage d'or ou d'argent, de pourpre ou d'azur.

Rappelons à ce sujet l'histoire rapportée par le Napolitain Jovianus Pontanus, de deux palmiers, dont l'un, à fleurs *polliniques*, croissait à Brindes, et l'autre, à fleurs *germinifères*, dans la forêt d'Otrante, à quinze lieues environ du premier. Pendant fort longtemps le palmier germinifère ne produisit aucun fruit ; mais un jour le palmier de Brindes ayant donné des fleurs et par conséquent du pollen, le vent emporta ce pollen vers le palmier d'Otrante, qui dès lors et chaque année continua de mûrir ses ovules.

Rappelons aussi le fait observé par Bernard de Jussieu, relativement à deux pistachiers *germinifères* qui, depuis longtemps, étaient cultivés au jardin des Plantes de Paris, où tous les ans ils épanouissaient leurs jolies fleurs sans qu'il s'ensuivît aucun fruit.

Une année ces arbres ayant donné des pistaches, Bernard de Jussieu présuma qu'il existait aux environs un pied de pistachier à *fleurs polliniques ;* il fit des recherches à cet égard, et découvrit à la pépinière des Chartreux, près du Luxembourg, un pied de pistachier pollinique qui avait fleuri pour la première fois, et dont le pollen, traversant une partie de Paris, était venu s'abattre sur les pistachiers du jardin des Plantes.

« Parfois le spectacle est plus curieux encore.

» Autour d'une fleur nouvellement éclose voltige un gentil papillon, qui de temps en temps se pose avec précaution sur les lèvres de la corolle et semble examiner l'anthère pour juger du moment où ces loges vont s'ouvrir.

» Il s'éloigne, retourne, s'envole, revient encore, et reçoit enfin la poussière pollinique sur ses ailes diaprées. Il part !

» Sur son chemin bien des fleurs attireront les regards du charmant insecte ; elles étaleront, pour l'éblouir : celle-ci sa corolle d'albâtre, celle-là son calice d'azur, une autre ses nombreux pétales d'or !...

» Séduit un instant par le puissant attrait de la beauté, du luxe et de la richesse, il oublie sa mission, se détourne de sa route, et est sur le point de compromettre son précieux dépôt ! Cependant il s'arrête ! — il regarde ! — il hésite !... et s'éloignant des tentatrices, il reprend son vol et s'ébat sur une humble petite plante qui végète dans la solitude sur des rochers arides ! » (*Herbier des Demoiselles*.)

D'autres fois, c'est un abeille ou un autre insecte ailé qui, en venant aspirer le nectar d'une fleur pollinique, se charge, comme à titre de reconnaissance, d'aller porter le pollen à des fleurs germinifères de la même espèce.

Enfin, pour terminer, citons un fait qui dépasse peut-être tous les précédents, et qui démontre l'inépuisable génie de celui qui d'un seul mot créa tant de choses.

Ce fait nous est fourni par un végétal de la Nouvelle-Hollande, l'Eupomatie.

Ce végétal a ses pistils et ses étamines réunis dans la même fleur; mais, par une exception singulière, ces organes sont séparés par les pétales de la corolle, de telle sorte qu'il leur est impossible de communiquer ensemble.

Comment donc s'opérera la combinaison du pollen avec les ovules?

Rien de plus simple, mais aussi rien de plus ingénieux. A l'instant où cette combinaison doit s'accomplir, un petit insecte, envoyé par Dieu sans doute, vient avidement ronger les pétales, et, l'obstacle étant détruit, les anthères lancent immédiatement leur pollen, qui bientôt arrive à sa destination.

J'ignore, mesdemoiselles, quels sont les livres que vous avez lus; mais je suis certain qu'il n'est pas de livre plus susceptible de vous inspirer de meilleures pensées et de vous fournir des enseignements plus profitables que ne le sont tous ces phénomènes naturels dont je viens de vous donner un aperçu rapide, et qui se passent à chaque instant autour de nous.

Oui, l'étude des phénomènes de la nature est de toutes les études la plus capable de nous inspirer des sentiments religieux délicats et purs; et cependant, malgré toute la sollicitude que l'on a maintenant pour l'éducation des femmes, les sciences naturelles, autre-

ment dit la *connaissance des œuvres de Dieu*, n'est pas
encore généralement reconnue comme indispensable.
Néanmoins, cela ne peut tarder, et j'engage beaucoup
les jeunes personnes à devancer l'époque où il ne sera
plus permis à personne d'ignorer toutes ces merveilles. Elles verront de quels fruits délicieux et
charmants seront payés leurs peines, et peut-être
qu'un jour elles s'estimeront bien heureuses de pouvoir trouver dans cette étude une sainte diversion à
des penchants funestes, un refuge contre les ennemis,
un rempart contre le doute !

On peut se procurer des distrations aussi amu-
santes qu'instructives en répétant quelques-unes des
expériences curieuses qui ont été faites par nos devan-
ciers.

En voici une qui découle de ce qui précède :

Coupez avec de petits ciseaux toutes les anthères
d'une des fleurs de votre jardin, d'un rosier, par
exemple, et avant que ces anthères aient répandu leur
pollen ; puis, au moyen d'un pinceau bien délicat,
prenez le pollen d'un rosier d'une autre espèce et
venez l'apporter sur le stigmate de la rose dont vous
aurez retranché les anthères. Recommencez cette
manœuvre quatre ou cinq fois de deux heures en
deux heures ; recueillez le fruit de la rose, sujet de
cette expérience, semez-en les graines, et vous
obtiendrez une nouvelle variété qui participera tout
à la fois des deux rosiers. C'est ainsi que les horticulteurs obtiennent de prodigieuses variétés de fleur

qu'ils appellent des *hybrides*. La rose noisette est un hybride provenant, au moyen du procédé que je viens d'indiquer, du rosier de l'Inde et du rosier musqué.

Si vous voulez empêcher une fleur de donner du fruit, recouvrez-la d'une gaze très-fine après avoir coupé toutes les anthères, et tandis que les fleurs du même pied fourniront des graines, vous verrez la vôtre demeurer stérile.

Ceci me rappelle un petit épisode :

J'habitais, il y a quatre ans, le troisième étage d'une maison de la rue de Varennes, et je cultivais plusieurs pieds de *cobéas* sur une fenêtre qui donnait sur la cour.

Au moment où ces plantes commencèrent à fleurir, il me vint à l'esprit de répéter l'expérience que j'indiquais tout à l'heure, et, en conséquence, je coupai toutes les étamines aussitôt que je les vis se développer. C'était plutôt un amusement qu'une expérience, car je ne me doutais aucunement du résultat. Mais quel ne fut pas mon étonnement en voyant au bout de quelques jours tous mes cobéas donner des fruits comme si je n'eusse rien fait pour l'empêcher ! Supposant que j'avais oublié d'enlever quelques étamines, je recommençai sur les nouvelles fleurs qui se développaient, et, pour plus de précaution, je coupai la veille toutes celles que je pensais devoir s'épanouir le lendemain avant que je ne fusse levé.

Cette fois encore, mes prévisions furent déçues, et je commençais très-sérieusement à douter de toutes les théories admises à ce sujet, quand, un soir, en me promenant dans la cour, j'aperçus à la fenêtre du quatrième étage un massif de cobéas dont le pollen était évidemment tombé sur les miens, que je n'avais pas eu la précaution de recouvrir d'une gaze.

Pour être plus sûr que c'était bien de là que venait la cause de ma déception, je liai connaissance avec le jeune homme qui demeurait au-dessus de moi; nous fîmes subir à ses cobéas la mutilation que j'avais pratiquée sur les miens; et, pour le coup, nous réussîmes complétement.

Cet épisode me valut un excellent ami, avec lequel je n'ai pas manqué depuis d'échanger tous les ans une fleur de cobéa, pour rappeler le souvenir d'une liaison que forma l'amour de la science, et qui, de même que la plupart de celles ainsi formées, ne s'éteindra, je l'espère, que quand l'un de nous ira demander à Dieu le dernier mot des merveilles de la création.

CHAPITRE XII

Je me promenais un jour au Jardin d'Hiver, avec quelques dames et demoiselles à qui je servais de cicerone.

Or, en passant devant un petit bosquet de SENSI-TIVES :

— Tenez, mesdames, fis-je à mon aimable société, voici des plantes bien extraordinaires. Si celui qui les touche n'a pas la conscience très-pure, leurs feuilles s'ébranlent, s'abaissent et s'étiolent aussitôt.

Et comme ces dames se mirent à rire avec un air d'incrédulité :

— Ah ! vous en doutez, repris-je ; eh bien ! je vais vous en donner une preuve. J'ai malheureusement commis beaucoup de fautes dont je ne suis pas encore absous ; regardez donc ce qui va se passer quand je vais toucher à ces petites plantes.

En disant cela, j'approchai les doigts d'un rameau de sensitive, qui présenta sur-le-champ le phénomène que j'avais indiqué.

Ces dames poussèrent des cris d'étonnement, et chacune d'elles ayant voulu tenter l'expérience, il en résulta qu'au bout de quelques minutes les *sensitives* étaient flétries ; ce qui aurait prouvé, si mon assertion eût été vraie, que nous n'avions, les uns et les autres, aucun droit à la canonisation.

Mais si ces dames étaient convaincues du fait, elles ne l'étaient point du tout de la cause morale qui l'avait produit ; aussi, m'ayant prié de leur en expliquer e véritable motif, nous allâmes nous asseoir sous un gracieux berceau de bignones, de chèvrefeuilles et de clématites, où je leur fis la petite dissertation suivante :

Sensitive est le nom vulgaire de cette plante ; il lui a été donné à cause de son extrême sensibilité. Son nom scientifique est MIMEUSE PUDIQUE (*mimosa pudica*), dénomination qui vaut peut-être moins que la précédente, puisque *mimeuse* vient du mot latin *mimus*, qui signifie *comédien*, et qu'il n'y a véritablement rien de théâtral dans la sensitive ; et que *pudique* indique un sentiment que la raison empêche d'accorder à cette plante.

Mais du moment que cette dénomination est adoptée par les savants, il faut s'y soumettre.

Mimeuse est le mot du genre, et *pudique* celui de l'espèce.

Les autres espèces de MIMEUSES sont :

La MIMEUSE SENSIBLE (*mimosa sensitiva*) ;

La MIMEUSE HONTEUSE (*mimosa pudibunda*);

Et la MIMEUSE ANIMÉE (*mimosa viva*).

Ces plantes font partie de la famille des *mimosées*, de la classe des dicotylédones.

Les quatre espèces de *mimeuses* se ressemblent à peu près quant à l'aspect général; et leurs variétés ne portent que sur certains caractères dont les différences, qui existent principalement dans la disposition des feuilles et la forme du fruit, échappent aux yeux peu attentifs. Aussi, dans le langage ordinaire, les nomme-t-on toutes *sensitives*.

Les fleurs de la SENSITIVE sont d'un violet clair et affectent une forme globuleuse; le pistil est unique, les étamines sont au nombre de huit et quelquefois davantage; le calice est formé de quatre ou cinq pétales; le fruit est une gousse articulée et velue; la tige est annuelle, herbacée et munie d'aiguillons; les feuilles sont composées de vingt-huit ou trente folioles vertes en dessus et roses en dessous. Elle est originaire du Brésil.

Comme je vais être obligé tout à l'heure, pour parler des phénomènes observés dans la sensitive, d'employer quelques expressions techniques dont je ne me suis pas servi jusqu'à présent, je dois dire d'abord que les feuilles des végétaux se divisent en :

1° *Feuilles simples*, c'est-à-dire formées d'un seul *pétiole* et *queue*, et d'un seul *limbe* ou *disque*. Exemple: la feuille de la primevère, du nénuphar, de l'oranger, etc.

2° *Feuilles composées*, c'est-à-dire formées d'un seul

pétiole et de plusieurs limbes ou *folioles*. Exemple :
la mimeuse, le marronnier, le fraisier.

3° *Feuilles décomposées*, dont le pétiole offre des divisions portant chacune une foliole ou limbe distinct.
Exemple : la carotte.

4° *Feuilles surdécomposées*, dont le pétiole présente
des divisions et des subdivisions portant chacune un
limbe ou foliole distinct. Exemple : l'actée :

Les curieux mouvements que l'on remarque dans la
sensitive ne se manifestent pas seulement par le
contact ; il suffit de la moindre cause pour les produire ; voici comment M. de Mirbel rapporte les
observations qu'il a faites sur cette plante :

« La sensitive, dit-il, a été l'objet de beaucoup
d'expériences ; une secousse, une égratignure, la chaleur, le froid, les liqueurs volatiles, les agents chimiques, ont une action évidente sur elle.

Lorsque l'irritabilité est portée à son comble, toutes
les folioles s'appliquent les unes sur les autres par leur
face supérieure, et le pétiole commun s'abaisse sur
la tige ; mais souvent l'irritabilité ne se manifeste que
dans quelques parties de la feuille. Si l'on touche légèrement une des folioles, cette foliole seule s'ébranle
et tourne sur son pétiole particulier : si l'attouchement a été un peu plus fort, l'irritation se communique à la foliole opposée, et les deux folioles se joignent
sans que les autres éprouvent aucun changement dans
leur situation.

Si l'on gratte avec la pointe d'une aiguille une tache

blanchâtre qu'on observe à la base des folioles, celles-ci s'ébranlent tout à coup et bien plus vivement que si la pointe de l'aiguille eût été portée dans tout autre endroit.

Quoique fanées, les feuilles ont encore les mouvements très-remarqués, parce que les articulations ne s'altèrent pas aussi promptement que le reste du tissu ; et qu'elles sont évidemment le siége de l'irritabilité.

Le temps nécessaire à une feuille pour se rétablir varie suivant la vigueur de la plante, l'heure du jour, la saison et les circonstances atmosphériqus. L'ordren dans lequel les différentes parties se rétablissent varie pareillement.

Si l'on coupe avec des ciseaux, même sans occasionner de secousses, la moitié d'une foliole de la dernière ou de l'avant-dernière paire, presque aussitôt la feuille mutilée et celle qui lui est oppoée se rapprochent ; l'instant d'après le mouvement a lieu dans les folioles voisines, et continue de se communiquer, paire par paire, jusqu'à ce que toute la feuille soit repliée. Souvent encore après douze ou quinze secondes, le pétiole commun s'abaisse, et les folioles se rapprochent ; mais alors l'irritabilité, au lieu de se communiquer du sommet de la feuille à sa base, se communique de la base au sommet.

L'acide nitrique, la vapeur du soufre enflammé, l'ammoniaque, le feu appliqué par le moyen d'une lentille de verre, l'étincelle électrique, produisent des effets analogues. Une chaleur trop forte, la privation de l'air,

la submersion dans l'eau, ralentissent ces mouvements en altérant la vigueur de la plante.

Le balancement d'une voiture, observa feu Desfon-
taines, fait d'abord fermer les feuilles : mais quand
elles sont pour ainsi dire accoutumées à ce mouvement, elles se rouvrent et ne se ferment plus. »

Le mouvement que tous ces agents divers impri-
ment à la *Sensitive* a reçu le nom de *mouvement mé-
técrique ;* expression qui, selon moi, serait peut-être
avantageusement remplacée par celle de *mouvement
accidentel.*

Il en est un autre qui a lieu sans qu'aucun agent le
ollicite; on le nomme pour cela *mouvement spontané.*
C'est au déclin du jour qu'il se manifeste, et Linné,
qui le premier le découvrit, lui a donné le nom de *sommeil des plantes.* Intéressant phénomène que l'on n'a
pas encore parfaitement expliqué, et qui s'observe
ainsi que nous le verrons tout à l'heure, dans beaucoup d'autres plantes que la Sensitive.

Le phénomène du *sommeil des plantes* offre une
foule de particularités que nous allons examiner en
les étudiant d'après Linné dans les plantes à feuilles
simples, dans les plantes à feuilles composés et dans
les fleurs.

1° *Dans les plantes à feuilles simples,* le sommeil est
de quatre sortes, on l'appelle :

Connivent, lorsque les feuilles, sont exactement appliquées l'une sur l'autre, comme dans la morgéline
des oiseaux, l'arroche des jardins, etc.

Renfermant, quand les feuilles se rapprochant de la tige, abritent comme d'un toit les jeunes rameaux et les fleurs. Exemple : le sida abutilon, l'onagre, etc.

Environnant, quand les feuilles s'enroulent en forme d'entonnoir autour des rameaux et des bourgeons, comme dans l'amaranthe de la Chine, la mauve du Pérou, la parthénie de Virginie, etc.

Pendant, quand les feuilles s'inclinent vers la terre en formant autour de la tige une espèce de cuirasse, comme le lantanier d'Italie, le candelari argenté de Sicile, l'oseille de Guinée, le lapulier de l'île Maurice, etc., etc.

2° *Dans les plantes à feuilles composées,* le sommeil fait subir à ces organes six modifications différentes,

On dit que le sommeil est :

Conduplicant, lorsque les folioles s'élèvent et s'appliquent exactement l'une contre l'autre, comme dans la fève de marais, le pois de senteur, le baguenaudier commun, etc.

Involvant, lorsque les feuilles s'étant redressées se touchent seulement par leur sommet, et forment de la sorte une espèce de tente sous laquelle sont abritées les fleurs, ainsi que cela s'observe dans le lotier, pied d'oiseau, plante doublement remarquable, attendu que ce fut sur elle que Linné découvrit le phénomène qui nous occupe. La luzerne protée et le trèfle farouche offrent également cette modification des feuilles durant leur sommeil.

Divergent, lorsque, par opposition à la forme précédente, les folioles sont réunies à la base, et écartées au sommet, comme dans le mélilot bleu.

Nutant, lorsque les feuilles sont tout à fait couchées, comme dans le sainfoin du Canada, le lupin blanc, le quamoclit d'Égypte, etc.

Rabattu et retourné, lorsque les folioles, faisant volte-face en contournant leur pétiole propre, tandis que le pétiole commun s'élève un peu vers la tige, s'appliquent l'une contre l'autre, et s'inclinent vers la terre, comme dans la casse du Maryland.

Imbriqué, lorsque les feuilles du pétiole s'appliquent sur celui-ci, pendant que les feuilles s'inclinent les unes sur les autres, et se recouvrent à la façon des tuiles d'un toit, comme le févier de la Chine, le tamarinier de l'Inde, etc., etc.

3° *Dans les fleurs*, le sommeil offre plusieurs variétés.

Dans la pariétaire, les filets des étamines se courbent.

Dans le géranium strié, l'euphorbe germanie et la drave printanière, les corolles sont à demi fermées et penchées vers le sol.

Dans la renoncule rampante, elles sont tout à fait closes.

Dans la renoncule multiflore elles ne sont que renversées.

Dans la pâquerette des champs, les fleurons qui sont horizontalement placés durant le jour, deviennent verticaux à l'entrée de la nuit.

Il est certaines plantes dont les fleurs font entendre, durant leur sommeil, des bruits particuliers. Ainsi, quand on approche l'oreille d'une passiflore bleue, l'on perçoit assez distinctement un bruit que l'on compare avec justesse à celui que produit le mouvement d'une montre.

Dans d'autres plantes, le sommeil, au lieu de se manifester pendant la nuit, s'observe pendant le jour, comme, par exemple, dans la belle de nuit, qui attend que le soleil se couche pour étaler ses gracieuses corolles, et qui les referme presque aussitôt que cet astre reparait sur notre horizon.

Les fleurs présentent, à n'en pas douter, relativement à leur sommeil, une foule d'autres particularités que nous ne connaissons pas encore, et qui peut-être ne sont pas les moins curieuses. Tout le monde peut aller à leur recherche, il n'est pas nécessaire pour cela d'être savant; il suffit, lorsqu'on possède quelques notions de botanique, de regarder à ses pieds quand on se promène le soir dans la campagne; et si cela vous est possible, mesdemoiselles, je vous engage vivement à ne pas le négliger. Vous verrez combien l'on éprouve de jouissance à sonder les secrets de ce monde si coquet, si parfumé, si gracieux et si pur; et si vous arriviez à découvrir un de ces secrets, oh ! combien ne seriez-vous pas joyeuse d'attacher votre nom au gentil petit être qui vous l'aurait fourni, comme la fille de Linné, à qui l'on doit de savoir que la fraxinelle s'enflamme lorsqu'on en approche un corps incandescent!

Après avoir indiqué les mouvements de la Sensitive, et les diverses positions que prennent certaines parties des plantes durant leur sommeil, il me resterait à expliquer mathématiquement ce phénomène. Mais, hélas! je ne puis que rappeler la théorie de Lamarck, que j'ai donnée plus haut en parlant de l'attrape-mouche, et que j'ai dit n'être pas très-satisfaisante. Je pourrais également exposer une autre théorie avancée par un autre savant, et suivant laquelle le phénomène du sommeil des plantes serait dû à l'action de l'air et de la lumière absorbés durant le jour par les végétaux sur un gaz contenu dans les feuilles et les fleurs de ceux-ci. Mais je crois que l'esprit de mes lectrices ne s'en accommoderait pas davantage.

Au reste, il n'est pas indispensable pour nous, mesdemoiselles, de savoir le dernier mot de tous ces étonnants mystères, et si Dieu nous les dérobe, croyons qu'il le fait par d'excellentes raisons.

Laissons donc les savants déplorer leur ignorance et n'imitons pas leur désir insatiable de connaître. On sait beaucoup, on sait assez peut-être, quand on arrive à pouvoir apprécier, au point de vue moral et religieux, les phénomènes que la nature accomplit autour de nous. Et, je le demande, quel spectacle est plus capable d'inspirer ce sentiment que celui dont je vais compléter l'image?

Figurez-vous être au milieu d'un riant bosquet au moment où le soleil se couche, et jetez les yeux sur ces jolies petites fleurs, si gracieuses, disséminées sous vos pas. Tout à l'heure, elles attendaient immobiles que de blanches mains vinssent les cueillir. Mais le crépuscule arrive, et comme personne n'est venu se charger du reste de leur existence et les mettre à l'abri dans sa demeure, les voilà qui d'elles-mêmes se préparent, puisqu'elles doivent passer la nuit dehors, à se garantir du froid et de la rosée. Leurs feuilles s'appliquent l'une sur l'autre, ou se rapprochent, ou s'enroulent, ou se recouvrent ; leurs pétioles se joignent ou se redressent, ou se couchent, ou se tordent]; les fleurs, enfin, ferment leurs gentilles corolles d'où s'échappe un dernier parfum qui monte dans l'espace, et va, comme une prière, se rendre aux pieds de l'Éternel.

Et maintenant peu nous importe, à nous qui recherchons principalement la moralité dans la science, que tous ces mouvements soient dus à la déperdition subite d'un fluide subtile, ou à l'action de l'air sur un gaz !

L'essentiel, l'indispensable est d'y voir la main de celui qui créa toutes ces merveilles, et qui veut que vous les connaissiez, car ce n'est probablement pas pour les animaux qu'il les a faites ; la main de ce Dieu que l'on ne peut raisonnablement aimer que par l'étude de ses œuvres, et qui vous aidera, mesdemoiselles, si vous tirez de cette étude une inductionreligieuse, à conserver cette pureté d'âme au moyen de laquelle il vous serait possible, si ce que j'ai dit en commençant était vrai : de toucher une sensitive sans que les feuilles de cette aimable plante songeassen' à s'étioler comme à l'approche d'un élément impur.

AUBÉPINE.

Membre de la jolie famille des Rosacées à laquelle appartiennent la rose, la pêche, l'abricot, l'amande, la fraise, la framboise, etc., l'Aubépine est une de ces aimables plantes que le premier souffle du printemps fait épanouir.

Quand l'Hiver son et cortége
De vent, de glace et de neige,
Qui voilait l'azur des cieux,
A disparu de nos yeux :

Bientôt de blanches collines
D'aubépines,
Moutonnant dans les vallons,
Chassent de notre pensée
Caressée
Les noirs et froids aquilons.

De leurs charmantes corolles,
Frais symboles
Candides et gracieux,
S'échappent, sur les prairies
Refleuries,
Des parfums délicieux.

Les craintives alouettes,
    Les fauvettes
Et les turbulents pinsons
Dans les airs, joyeux s'élancent
    Et cadencent
Chacun ses plus jolis sons!

Le papillon infidèle,
    De son aile
D'albâtre, d'or ou d'azur,
Trouble en passant la fleurette
    Qui, coquette,
Se mire en un ruisseau pur,

Dans les prés, vive et légère,
    La bergère
Conduit son joli troupeau ;
Tout enfin dans la nature
    Douce et pure
Prend un visage nouveau,

Lorsque de blanches collines
    D'aubépines,
Moutonnant dans les vallons,
Chassent de notre pensée
    Caressée
Les noirs et froids aquilons.

Et le matin quand l'aurore
En se réveillant, colore
De ses rayons printaniers
La cime des peupliers :

Des essaims de jeunes filles
    Aux charmilles
Se dépêchent d'accourir,
Pour voir la tige nouvelle
    Qui recèle
Les boutons prêts à fleurir!

Des airs charmants, des sourires
        Et des rires
S'envolent des cœurs heureux ;
Et sur la terrè arrosée
        De rosée,
L'on danse des ronds joyeux.

On cueille enfin l'aubépine
        Dont l'épine
A disparu sous des fleurs :
Juste emblème de la vie
        Si jolie,
Quand on n'en voit pas les pleurs.

Alors, en tous lieux s'élèvent
        Et s'achèvent
Des monuments gracieux,
Que dressent des mains candides
        Et timides
A l'humble reine des cieux !

Partout de chastes offrandes
        De guirlandes
Ornent un petit autel ;
Car chacun sent de son âme,
        Qui s'enflamme,
Partir un cri vers le ciel !

Lorsque de blanches collines
        D'aubépines,
Montonnant dans les vallons,
Chassent de notre pensée
        Caressée
Les noirs et froids aquilons !

Quand on traite un pareil sujet, il est difficile de s'arrêter ; mais sachons nous imposer des limites et rappelons les cérémonies auxquelles cette jolie plante était associée chez les anciens.

La plus curieuse est celle que pratiquaient les anciens Troglodytes. Quand un de leurs parents mourait, ils lui passaient la tête entre les jambes et l'attachaient dans cette posture avec des rameaux d'aubépine ; ensuite ils jetaient en riant des pierres sur ce cadavre jusqu'à ce qu'ils l'eussent entièrement couvert.

En France, on portait aux noces des jeunes gens des branches d'aubépines fleuries.

Dans l'ancienne Rome, le flambeau que le jeune homme libre et ayant encore son père et sa mère portait au-devant de sa nouvelle épouse, était fait de bois d'aubépine. Au dire de Pline, cet usage était établi en commémoration de l'enlèvement des Sabines, dont l'enlèvement avait eu lieu à la lueur de flambeaux de cette nature.

FIN.

TABLE DES MATIERES

FIN DE LA TABLE.